U0010126

野 の 花 さ ん ぽ 図 鑑

野 花 散 步

圖 鑑

長谷川哲雄

著

藍嘉楹

譯

晨星出版

前　言

每一種植物各有偏好的環境。例如毛茛喜歡生長在向陽處的明亮草叢，所以基本上不可能和昭告春天到來的鵝掌草生長在同一處。因為後者通常生長在落葉闊葉林的地面。

和毛茛攜手點綴春天的東北菫菜，也不可能和叡山菫菜、雛菫菜一起生長在樹蔭下。河岸的植物和生長在池邊、小河邊、溼地的植物涇渭分明，大家各有各的生長空間，也各有不同的生活夥伴。

毛茛金黃耀眼的花朵在土堤的草叢間隨春風搖曳，爾後，鵝掌草、大薊、夏枯草跟著接棒開花，白茅的白色花穗也不斷在風中搖擺。到了梅雨季左右，即使草皮被剃得光禿禿，植物也馬上「收復失土」；從立秋開始，沙參和地榆開始綻放，接著是芒草抽出花穗，替秋天的原野換上新衣。這樣的環境也頗適合黃花龍芽草、石竹生長。這兩者也是日本人熟悉的秋之七草之二。

所謂的自然，即使經過人為操作，也不可能像公園的花圃一樣，花謝了就重新補上其他盛開的花。自然呈現的是生命自始至終的一貫流程，並隨著季節更迭周而復始。以音樂當作比喻的話，就像長笛吹完一小節，接著由雙簧管繼續吹奏，然後由低音弦樂器加入小提琴的主題，最後再加入樂器一起合奏出美妙的旋律。如果不是所有的聲部通力合作、相輔相成，哪怕只少了其中一個聲部或抽離某個部分，我想都無法成就這首樂曲。

自然透過四季的各種色彩與表情，刺激人的五感，賦予我們各式各樣的樂趣。不過，若要徹底享受自然給我們的樂趣，盡可能掌握每一種植物和昆蟲的名稱，應該能夠成為往前邁出重要一步的契機。原來那種黃色的花朵是毛茛、這是白屈菜、這又是齒葉苦蕒菜、眼前的是百脈根……看到植物一旦叫得出口，自然也會對它另眼相看吧。為了達到這一點，我們必須主動跨出一步。

每一種植物都有其獨特的生活型態，也有可追溯的歷史，有時甚至會發現它們與人類的生活存在著各種關聯。舉例來說，看似平凡無奇、身邊隨手可得的植物，說不定是自古相傳的知名藥草，而且不論東洋、西洋都採用同樣的方式運用，連傳說與軼聞、命名方式都可能如出一轍。有些植物是日本的特有種，或僅生長在某些地區，但也有些植物早從史前時代，其蹤跡已遍布全世界，或者直到近年才建立穩定族群，成為歸化植物。相反的，有些在以往分明是隨處可見的植物，近年來卻數量大減，瀕臨絕種。

　　德蕾莎修女曾說過：「愛的反面不是恨，而是漠不關心。」我認為用這句話形容我們對大自然的態度十分貼切。自然的重要性與偉大之處，即使不用解釋我們都懂，但如果不了解其中具體的運作與自然的本質，恐怕難以做出正確判斷。

　　本書追逐著日本四季的腳步，以兩個星期為一單位，為讀者介紹我們日常生活中俯拾可得的植物。除了葉、花，本書涵蓋的範圍包括根部、花的剖面、果實，是以往圖鑑沒有介紹的部分。

　　即使是不熟悉自然界的人，只要帶著本書一起散步，我相信應該會對身邊的植物和各種昆蟲產生興趣，開始關心牠們的生態。

　　另外，本書能夠問世，要歸功於許多人的努力。在此我要向抱著始終如一態度，努力完成繁重編輯作業的小野蓉子小姐、為了設計費盡苦心的今東淳雄先生、出版本書的築地書館土井二郎先生、宮田可南子小姐，致上由衷謝意。

目 次

花與葉的構造

花

以櫻花為例，花蕾時期用來保護內側花瓣、雄蕊、雌蕊的部分稱為「花萼」。櫻花的花萼分為5片，每一片都稱為「萼片」。一般是綠色。

開花後，會看到5片白色或粉紅色「花瓣」，5片合稱為「花冠」。花冠裡有幾十根「雄蕊」：裝著花粉的袋子稱為「花葯」，支撐它的細梗稱為「花絲」。

花的中央有一根「雌蕊」，其鼓起來的基部稱為「子房」，將來會長為「果實」。子房裡有「胚珠」，以後會長為「種子」。子房前端伸長的部分稱為「花柱」，最前端接收花粉的部分是「柱頭」。

另外，也有些花的萼片與花瓣不容易區分，例如百合。遇到這種情況時，兩者會合稱為「花被片」。

各個部位的數量依花的種類增減，甚至可能欠缺某個部分。此外，某些部位的構造也經過特殊化，例如萼片會變成花瓣狀、花瓣會分泌花蜜等。

整朵花長在一根非常短的莖，這根莖稱為「花托（或稱花床）」。下面的細梗稱為「花柄（或稱花梗）」。

花序

胡麻花和紫雲英等莖部前端集合了許多小花，形成了一個單位。這樣的一個單位稱為「花序」。像油菜、多花野豌豆、玉簪、沙參等有許多密集生長的集合體也是花序。

有些植物，例如菊科植物和魚腥草，屬於一大堆花密集生長在一起，但是看起來像是一朵花的類型。這樣的「一大堆花」是一個花序。所以，蒲公英花基部的綠色部分不是花萼，魚腥草看起來像白色花瓣的部分也不是花瓣。兩者都是變形的葉片，將花序包入其中。整體稱為「總苞」，花序上的每朵小花則稱為「苞片」。

葉

葉片是一種以葉綠體進行光合作用，依靠空氣中二氧化碳和根部吸收水分，製造營養（糖分）的器官。葉的本體分為「葉身」、「葉柄」和「托葉」三大構造。有些植物的葉柄並不明顯，也有些欠缺托葉。

有些植物的葉片呈鋸齒緣或明顯的缺刻狀。像魚腥草這類葉緣平滑的種類稱為「全緣」。

葉子缺刻明顯到裂成一片片分離的小裂片稱為「複葉」，每一片裂片稱為「小葉」。

葛和白三葉草的葉形稱為「三出複葉」，特徵是每一片小葉各自再長出三小葉，還有看起來和俄羅斯套娃有異曲同工之妙的稱為「二回三出複葉」、「三回三出複葉」。葉形如紫雲英、地榆、紫藤的稱為「羽狀複葉」。

相對的，邊緣平滑無鋸齒狀，或者即使有也不會裂成獨立小片的稱為「單葉」。包括蒲公英、大薊、王瓜等植物的葉子都屬於此類。

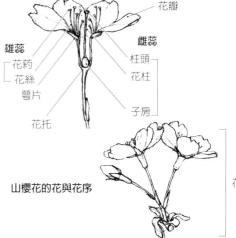

花瓣
雄蕊
花葯
花絲
萼片
花托
雌蕊
柱頭
花柱
子房

山櫻花的花與花序

Corydalis decumbens

Corydalis lineariloba

德國詩人里爾克寫了一首歌頌春天的詩歌，歡欣鼓舞的心情躍然紙上，我個人很喜歡。開頭的第一句是「春天再度降臨　大地像學會寫詩的孩子……」。

在嚴寒的冬天沉睡了如此漫長的時間，就是為了這一天的到來。大家準備就緒，以各自的方式蓄勢待發。

如同字面上的意思，在冬季蟄居的昆蟲們，走出家門到戶外的日子稱為驚蟄。

大河川的土堤到了每年春天都會進行「計畫性火燒（Prescribed burning）」。火燒之後，過了一段時間，春天的野草便會從燒焦的枯草之間冒出來。包括薤白、艾草、問荊、重瓣萱草。一開始看到我畫的薤白葉，每個人都覺得很納悶，不知道為什麼我會把葉子畫成圓圈狀。其實只要稍微觀察一下，謎題馬上迎刃而解。因為在抽高之前，芽的前端被火燒過。癒合之後，細葉從基部被推擠出來。

1　薤白（→ p.11）
2　問荊（→ p.11）
3　重瓣萱草（→ p.11）
4　艾草 *Artemisia princeps*〔菊科〕
　　香氣濃郁，被當作草餅的原料使用。葉片背面的毛可用於蒸薰療法，此外在端午節，也和菖蒲一起被掛在門前，發揮驅邪的效果。

◀阿拉伯婆婆納
Veronica persica〔車前草科〕
據說在明治中葉引進日本。原產於西亞的歸化植物。目前已成為日本春季常見的植物。鈷藍色的花朵看起來很討人喜愛。

看到遍地盛開的黃色蒲公英，讓人心曠神怡。外來種的勢力不斷蔓延擴大，原生種是否依然健在呢？

1 **信濃蒲公英**
Taraxacum platycarpum ssp. *hondoense*
日本的原生種蒲公英包括關東蒲公英、東海蒲公英等，分別被歸類於好幾種亞種。本種似乎也是其中之一。

2 **朝鮮蒲公英**
Taraxacum albidum
分布於關東地方以西。特徵是葉子會往上豎立。

3 **西洋蒲公英**
Taraxacum officinale
原產於歐洲的歸化植物。

原生種的蒲公英
感覺這好像是信濃蒲公英。

朝鮮蒲公英

西洋蒲公英

蒲公英的花瓣構造

博學專欄

　　說到蒲公英的花瓣──正如菊科花卉的標準外型，由許多小花集合而成，稱為頭狀花序。花朵下方的綠色部分不是花萼而是「總苞」，每一片則稱為「總苞片」。

　　原生種的黃色蒲公英特徵是所有的總苞片都往上豎且密集生長，但西洋蒲公英外側的總苞片則是會反捲。朝鮮蒲公英雖然是原生種，但花呈白色，外側的總苞片也會反捲。

請各位帶著你的放大鏡、素描簿和鉛筆，走向原野吧。自然的景色百看不厭，每次看都會有新發現。

在多天體型大幅縮水的救荒野豌豆，體型與日俱增。仔細一瞧這一團綠色的物體，哇，莖上竟然密密麻麻附著了一大群蚜蟲。可能是植物會呼吸，所以被層層葉片蓋住的內部特別暖和吧。不只蚜蟲，還有七星瓢蟲也在莖上來來去去。七星瓢蟲似乎偏好農耕地的環境，而且是光線明亮的地方。我常在紫雲英田發現牠們的蹤跡。

球果菫菜在灌木林搶頭香第一個開花。是春天最早開花的植物。多被銀蓮花稍後不久也開花了。嶄新的花曆也自此揭開，展開接力賽。

｜走向原野吧｜

自然的有趣之處在於它的姿態是每天、甚至是時時刻刻都在改變。所謂的季節交替，便是從這樣的轉變逐漸累積完成。從中所得到的樂趣絕非一般的人工設施，好比以為只要不斷補充盛開的美麗花朵就很完美的人工花圃所能比擬。正如兼好法師曾經說：「正因季節更迭，萬物才顯得饒富趣味。」說得真有道理。

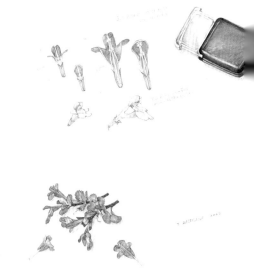

吃過一次就欲罷不能的春令美食

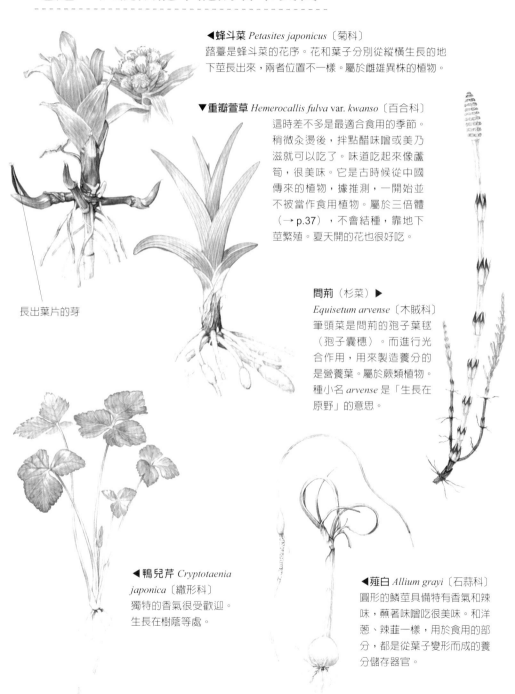

◀蜂斗菜 *Petasites japonicus*〔菊科〕
蕗薹是蜂斗菜的花序。花和葉子分別從縱橫生長的地下莖長出來，兩者位置不一樣。屬於雌雄異株的植物。

▼重瓣萱草 *Hemerocallis fulva* var. *kwanso*〔百合科〕
這時差不多是最適合食用的季節。稍微汆燙後，拌點醋味噌或美乃滋就可以吃了。味道吃起來像蘆筍，很美味。它是古時候從中國傳來的植物，據推測，一開始並不被當作食用植物。屬於三倍體（→ p.37），不會結種，靠地下莖繁殖。夏天開的花也很好吃。

問荊（杉菜）▶
Equisetum arvense〔木賊科〕
筆頭菜是問荊的孢子葉毬（孢子囊穗）。而進行光合作用，用來製造養分的是營養葉。屬於蕨類植物。種小名 *arvense* 是「生長在原野」的意思。

長出葉片的芽

◀鴨兒芹 *Cryptotaenia japonica*〔繖形科〕
獨特的香氣很受歡迎。生長在樹蔭等處。

◀薤白 *Allium grayi*〔石蒜科〕
圓形的鱗莖具備特有香氣和辣味，蘸著味噌吃很美味。和洋蔥、辣韭一樣，用於食用的部分，都是從葉子變形而成的養分儲存器官。

唇形科植物的花，大多是立體構造，就像嘴唇張開的樣子。莖的剖面呈四角形。如果發現每一節都有兩兩相對的對生葉，基本上可以判斷是唇形科植物。

◀圓齒野芝麻

Lamium purpureum

原產於歐洲的歸化植物。是田地常見的雜草。日本原產的原生種──短柄野芝麻（→ p.42），則是在新綠時期開花。

寶蓋草▲

Lamium amplexicaule

花莖的葉子看起來像佛祖的蓮花座。屬於日本春天七草之一的「佛之座」是稻槎菜（→ p.28）

▼金錢薄荷

Glechoma hederacea var. *grandis*

春天會在明亮的土堤開出淡紫色花朵，模樣非常清新。日文的漢字寫成「垣通（意思是穿過矮牆）」，源自開花後，莖會伏貼於地面，並從節長出根，攀附在牆上。在日本古時又稱「連錢草」、「疳取草」。

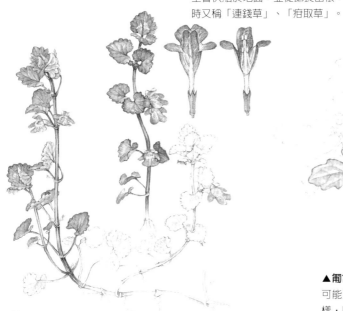

▲匍匐筋骨草 *Ajuga decumbens*

可能源自於其匍匐地面生長的模樣，所以別名為「地獄釜蓋」。

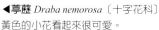

◀葶藶 *Draba nemorosa*〔十字花科〕
黃色的小花看起來很可愛。

◀彎曲碎米薺
Cardamine flexuosa〔十字花科〕
日文的漢字寫成「種漬花」，源
自於花開時，正值把選種浸泡在
水裡的時候。群生於田地和休耕
田等處。

薺菜▶
Capsella bursa-pastoris
〔十字花科〕
果實呈三角形，貌似三
味線琴的琴撥，所以又
稱三味線草。種小名
的意思是「牧羊人的錢
包」。

▼附地菜
Trigonotis peduncularis〔紫草科〕
搓揉時會散發小黃瓜的味道。

細葉鼠麴草▲
Gnaphalium japonicum〔菊科〕

鼠麴草▶
Gnaphalium affine〔菊科〕
日文的漢字寫成「母
子草」，但據說因為
白色冠毛繁茂生長，
所以又稱為「佛耳
草」。

◀歐洲千里光
Senecio vulgaris〔菊科〕
原產歐洲的歸化植物。日文的漢
字寫成「野襤褸菊」。有一種說
法為「襤褸」是附於鎧甲背上的
「母衣」（母衣與襤褸的日文發
音相同）。

地點是溪邊的櫸木林。

春天的花也正開始綻放。

多被銀蓮花、日本山荷菜、毛金腰⋯⋯。這片綠色的葉子是什麼？那片細細的葉子又是什麼？我能認得出來幾種呢？

從這時候開始，白天的時間比夜間長。大自然的模樣也從此時，變得讓人眼花撩亂。不論人或野生動物都一樣，身心變得躁動不已，沉不住氣。

此季節最精彩的亮點是夏綠林的地表。直到秋天落葉，待春天再度冒出新芽為止，陽光會大把大把的灑落進來，帶來一片明媚，讓人覺得心情非常舒暢。不過，暖和的春陽稍縱即逝，能夠盡情揮灑下來的時間僅有一個多月。居於此地的小小植物們，為了不錯過這千載難逢的機會，無不卯足了勁發芽、開花。因此在春天造就了一場密度被高度濃縮的花之盛宴。

大伙兒奮力排除遍野的褐色枯葉，綠色的嫩葉、白花、藍花、黃花、粉紅花競相出籠，這景觀煞是迷人。正因日本是雪國，因此這樣的變化更顯得富有戲劇性。

夏綠林

博學專欄

櫸木、槭樹等在春天長出新葉，到了夏天轉為濃綠，在入秋便開始落葉的樹種其樹林稱為夏綠林或落葉闊葉林。

關東一帶的平原地帶，原本較為發達的是以錐栗屬、青剛櫟為主的照葉林，但隨著柴薪的需求量提高而被砍伐，目前保存較為良好的是枹櫟、麻櫟和赤松等樹林。相對於自然林，包含日本柳杉、日本扁柏的植林地等人工培育的林地，被稱為次生林。

以枹櫟、麻櫟為主的灌木林（次生林），就是所謂的夏綠林，生長於此處的植物，和一整年都生長於陰暗的照葉林、日本柳杉林不一樣。

1　日本菟葵（→ p.18）
2　多被銀蓮花（→ p.18）
3　鵝掌草（→ p.18）
4　竹葉延胡索（→ p.21）
5　單花韭（→ p.20）
6　日本大百合（→ p.78）
7　血紅石蒜（→ p.92）
8　五福花（→ p.19）
9　春虎尾（→ p.21）
10　毛金腰 *Chrysosplenium pilosum*〔虎耳草科〕
　　黃色的萼裂片呈直立狀。雄蕊 8 枚。
11　日本山萮菜 *Eutrema tenue*〔十字花科〕
　　生長在沼澤沿岸的潮溼地表。葉子帶有辣味，吃起來很可口。
12　山皂莢的果實
　　很大顆的豆果，質感有如鞣皮。
13　吉寶核桃的殼
　　松鼠吃剩的。牠很乾淨俐落的將核桃剝成兩半。
14　麻櫟的枯葉
15　櫸木的枯葉
16　大果山胡椒的枯葉

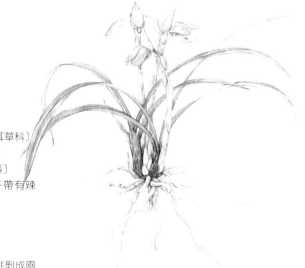

▲春蘭 *Cymbidium goeringii*〔蘭科〕
生長於灌木林。以前的數量很多，隨處可見。因為花的模樣，又名「黑子」。

春天的蝴蝶

豬牙花▶

Erythronium japonicum〔百合科〕

虎鳳蝶▶

Luehdorfia puziloi〔鳳蝶科〕
現身於早春的美麗蝴蝶。幼蟲以細辛、庫頁細辛的葉片為食。與其相似的岐阜蝶是日本特有的虎鳳蝶。但兩者都僅分布在特定地區。

多被銀蓮花▼

Anemone raddeana〔毛茛科〕

◀緋蛺蝶

Nymphalis xanthomelas
〔蛺蝶科〕
幼蟲以日本扁柏的葉子為食。初夏羽化後進入夏眠。以成蟲姿態越冬，到了早春再次出現。

　　許多昆蟲像是等不及春天的花季到來一樣，已搶先現身活動。其中以蝴蝶的美麗姿態，最讓人看得目不轉睛。被成蟲視為食糧的花蜜自不在話下，連被幼蟲食用的植物，在此時也最為美味。一年當中也只有這時能看見虎鳳蝶、黃尖襟粉蝶和深山珠弄蝶等蝶類。最主要理由恐怕是幼蟲的食物只有在這個時候能確保無虞吧。但琉璃灰蝶和紋黃蝶等蝶類剛好相反，從春天到秋天結束之前，把握時間一再傳宗接代。

　　虎鳳蝶、黃尖襟粉蝶剛從蛹羽化而出的模樣相當美麗。緋蛺蝶和天狗蝶以成蟲的姿態越冬後，到了春天展翅而飛。

1　**黑梳灰蝶** *Ahlbergia ferrea*〔灰蝶科〕
　　幼蟲以馬醉木、杜鵑等植物的葉片為食，一年羽化一次。

2　**琉璃灰蝶** *Celastrina argiolus ladonides*〔灰蝶科〕
　　幼蟲以紫藤、葛等豆科植物的花蕾為食，一年羽化三～四次。

3　**杉谷琉璃灰蝶** *Celastrina sugitanii*〔灰蝶科〕
　　幼蟲以日本七葉樹的花蕾為食，一年羽化一次。

4　**黃尖襟粉蝶** *Anthocaris scolymus*〔粉蝶科〕
　　幼蟲以彎曲碎米薺、白花碎米薺等野生十字花科植物為食，一年羽化一次。

5　**白粉蝶** *Pieris rapae crucivora*〔粉蝶科〕
　　以高麗菜、白花碎米薺等人工栽培的蔬菜為食。古時被視為歸化昆蟲。一年羽化五～六次。

6　**紋黃蝶** *Colias erate poliographus*〔粉蝶科〕
　　以紫雲英、白三葉草、百脈根等豆科植物為食。所以常見於牧草地、明亮的河堤等處。飛行的動
　　作敏捷，直到秋天都看得到。雌性個體的翅膀為白色。一年羽化五～六次。

7　**深山珠弄蝶** *Erynnis montanus*〔弄蝶科〕
　　出現的季節僅限於早春。幼蟲以枹櫟、麻櫟的葉子為食。

8　**天狗蝶** *Libythea celtis celtoides*〔蛺蝶科〕
　　幼蟲以日本扁柏的葉片為食。以成蟲的姿態越冬，到了早春常出現於旌節花。大多數以成蟲姿態
　　越冬的蝶類，翅膀背面的模樣大多貌似枯草（8-b）。名稱源自其突出的頭部。

花瓣變化而成的蜜腺體

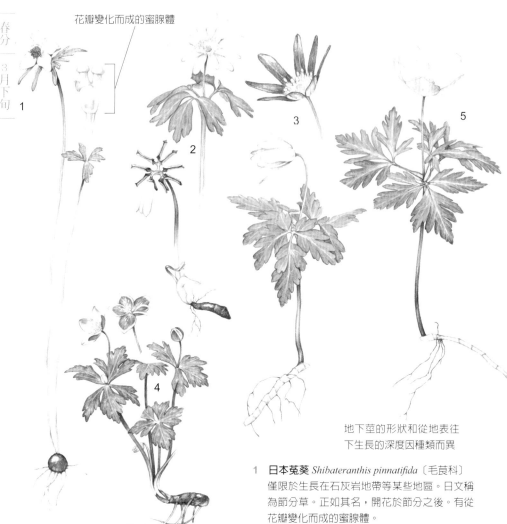

1

2

3

4

5

地下莖的形狀和從地表往
下生長的深度因種類而異

有一類植物被稱為早春短命植物
（Spring ephemerals）。它們只有在夏
綠林（落葉林）的樹冠尚未過於茂密，
地表還被灑落進來的陽光照得閃閃發
亮時現身，並且拚命張開葉子進行光合
作用，然後開花。等到地面變暗，它
們便開始結果，地面部分的葉子也隨
之枯萎，進入漫長的休眠。Ephemerals
的意思是「短命的」，語源來自希臘
文的「僅有一天的生命」。

1　**日本菟葵** *Shibateranthis pinnatifida*〔毛茛科〕
僅限於生長在石灰岩地帶等某些地區。日文稱
為節分草。正如其名，開花於節分之後。有從
花瓣變化而成的蜜腺體。

2　**多被銀蓮花** *Anemone raddeana*〔毛茛科〕
萼片看起來像銀蓮花屬植物的花瓣。被陽光照
射時開花，但陽光變弱時花又闔上，往下
垂。雄蕊的花絲根部帶有紫色。

3　**菊咲一華** *Anemone pseudoaltaica*〔毛茛科〕
外型和多被銀蓮花相似，但葉形不一樣。開出
的花也有藍紫色。

4　**鵝掌草** *Anemone flaccida*〔毛茛科〕
多被銀蓮花和菊咲一華的根出葉在開花後變
大，但鵝掌草長出根生葉後，花莖會伸長。偶
爾會開綠色的花。花莖前端會長出 1～3 朵花。

5　**雙瓶梅** *Anemone nikoensis*〔毛茛科〕
花朵碩大美麗。花期在銀蓮花屬植物中排最
後。

6 **東國鯖之尾** *Isopyrum trachyspermum* 〔毛茛科〕
「東國鯖之尾」的名稱來自其果實形狀（→ p.51）。白色的瓣狀物是萼片。花瓣由小小的黃色
蜜腺體變化而成。

7 **福壽草** *Adonis ramosa* 〔毛茛科〕
早春會開出碩大的金黃色花朵，被視為吉利的象徵。

8 **白花貓兒眼睛草** *Chrysosplenium album* 〔虎耳草科〕
白色的萼片和雄蕊紅色的花藥呈鮮明對比，非常美麗。生長在地面有水流過的低窪處。

9 **貓兒眼睛草** *Chrysosplenium grayanum* 〔虎耳草科〕
「貓兒眼睛草」的名稱來自其果實裂開時的形狀像貓眼。

10 **深山貓兒眼睛草** *Chrysosplenium macrostemon* 〔虎耳草科〕
又名岩牡丹。貓兒眼睛草屬的植物，大多是水邊植物，生長在小河邊（→ p.51）。

11 **五福花** *Adoxa moschatellina* 〔五福花科〕
花序由5朵花組成，頂端的花有4瓣，側面的4朵花有5瓣。種小名的意思是「帶有麝香的香氣」，
其實味道相當刺鼻，會刺激眼睛。日文寫成「連福草」。

1 **頂冰花** *Gagea lutea*〔百合科〕
在童話「嚕嚕米家族」中，開始收集植物的希米倫，曾經在春天摘下第一種植物時提到它的學名。

2 **老鴉瓣** *Amana edulis*〔百合科〕
開在日照充足的土堤之草叢中，日文漢字寫成「甘菜」。

3 **單花韭** *Allium monanthum*〔石蒜科〕
蔥的成員之一。葉子聞起來有韭菜的味道。

4 **豬牙花** *Erythronium japonicum*〔百合科〕
它的現身等於昭告夏綠林（落葉林）的春天到來。花朵非常美麗。

5 **胡麻花** *Heloniopsis orientalis*〔黑藥花科〕
生長在柳杉林的地表等潮溼之處。

內花被片

雌蕊

雄蕊

外花被片

豬牙花從種子發芽到開花結果，據說得耗時 7～8 年。

上圖為分別各取外花被片和內花被片做細部觀察。

20

6 **伏莖紫菫** *Corydalis decumbens*〔紫菫科〕
生長在灌木林的邊緣地帶和光線充足的草叢。日文寫成「次郎坊延胡索」。

7 **竹葉延胡索** *C. lineariloba*〔紫菫科〕
生長在夏綠林的地表等處。花色從淡紫色到天空藍都有。日本海附近有一種與其非常類似的植物，名為陸奧延胡索。北海道則有一種會製造大型群落的蝦夷延胡索。

8 **深山黃菫** *Corydalis pallida* var. *tenuis*〔紫菫科〕
生長在陽光充足，土塊看起來快要崩塌的地方。和多年生的延胡索不一樣，除了深山黃菫，還有刻葉紫菫都是二年生。

9 **花點草** *Nanocnide japonica*〔蕁麻科〕
群生在灌木林的邊緣等處。

10 **春虎尾** *Bistorta tenuicaulis*〔蓼科〕
生長在潮溼的柳杉林等處。白花搭配偏黑的雄蕊花藥，看起來很顯目。

伸長的地下莖，
長了很多節。

柳杉林的春天比想像中更加熱鬧

柳杉被視爲花粉症的元凶，向來是大家敬而遠之的對象，但意想不到的是，維護得當的柳杉林裡，竟然是許多野生植物的大本營；漫步其中，讓人心曠神怡。就這點而言，和植生種類貧瘠的扁柏林天差地遠。

1 **鳳凰菫菜** *Viola takedana* 〔菫菜科〕
群生在會有陽光灑落進來的柳杉林斜面等處。花呈淺淺的紫紅色，非常討喜。無莖性。

2 **叡山菫** *Viola eizanensis* 〔菫菜科〕
生長在向陽的山崖斜面和柳杉林的地表等處。花朵碩大，一般是開白花，但有時也會開深粉紅色的花。花朵會散發宜人香氣。葉形具辨識性。無莖性（→ p.24）。

3 **球果菫菜** （→ p.26）

4 **雙葉細辛** （→ p.40）

5 **浦島天南星** （→ p.23）

6 **細齒南星** （→ p.34）

7 **日本烏頭** （→ p.116）

8 **琴柱草** （→ p.117）

9 **破傘菊** *Syneilesis palmata* 〔菊科〕
日文的漢字寫成「破傘」，此名稱得自其新葉長出的模樣。

雄花

雌花

日本黃連▲
Coptis japonica〔毛茛科〕
雌雄異株。花瓣狀的萼片有 5 ～
7 片。花瓣由湯匙狀的蜜腺變化
而來。是早春綻放的花種之一。

▲浦島天南星
Arisaema thunbergii〔天南星科〕
開在微暗潮溼的林間。日文的漢
字名稱來自其花形像垂著釣線的
浦島太郎。和細齒南星一樣都是
變性植物（→ p.35）。

◀延齡草 *Trillium apetalon*〔黑藥花科〕
生長在潮溼的林間。近緣種的深山延
齡草和大花延齡草都有白花的內花被
片，但本種沒有。

◀越小貝母 *Fritillaria koidzumiana*〔百合科〕
日文寫成「越の小貝母」。主要分布在北陸
地方。另外還有甲斐小貝母、美濃小貝母等。

菫菜

　　菫菜科的成員分為莖不會出現在地面的種類（無莖性、24、25 頁的 12種）和會在地面上長出莖的種類（有莖性、26 頁的 6 種）。

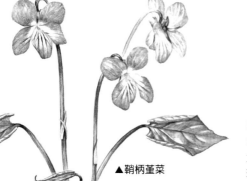

▲鞘柄菫菜
Viola vaginata
生長在日本海沿岸的多雪地帶。融雪後，先長出葉片再開出碩大的淺紫色花朵。

▶丸葉菫菜
Viola keiskei
大多生長在半陰生環境。花和葉的形狀都顯得渾圓。

◀叡山菫
Viola eizanensis
生長在日照充足的山崖斜面和樹蔭。葉片具明顯刻痕。花會散發宜人清香。

陰地菫菜▶
Viola yezoensis
大多出現在潮溼的溪邊樹林。葉片大多帶紫褐色。

◀麓菫菜
Viola sieboldii
大多生長在灌木林的地表等處，屬於小型菫菜。心形葉子常帶有斑紋。

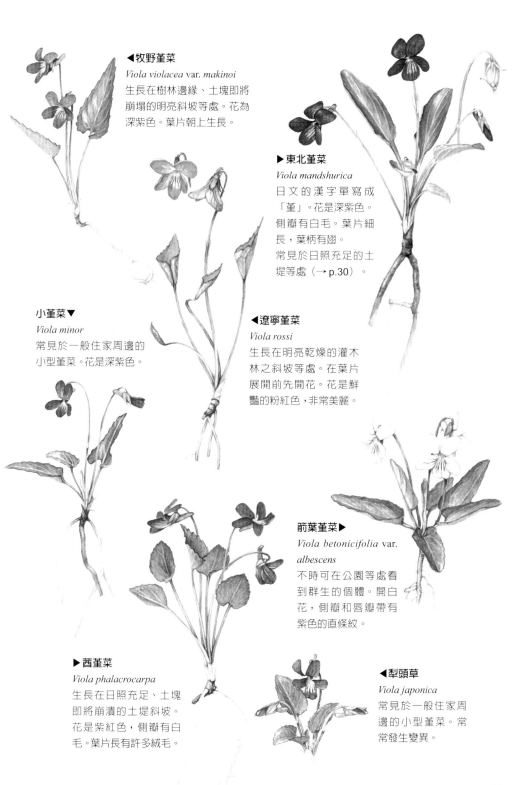

◀牧野菫菜
Viola violacea var. *makinoi*
生長在樹林邊緣、土塊即將
崩塌的明亮斜坡等處。花為
深紫色。葉片朝上生長。

▶東北菫菜
Viola mandshurica
日文的漢字單寫成
「菫」。花是深紫色。
側瓣有白毛。葉片細
長，葉柄有翅。
常見於日照充足的土
堤等處（→ p.30）。

小菫菜▼
Viola minor
常見於一般住家周邊的
小型菫菜。花是深紫色。

◀遼寧菫菜
Viola rossi
生長在明亮乾燥的灌木
林之斜坡等處。在葉片
展開前先開花。花是鮮
豔的粉紅色，非常美麗。

箭葉菫菜▶
Viola betonicifolia var.
albescens
不時可在公園等處看
到群生的個體。開白
花，側瓣和唇瓣帶有
紫色的直條紋。

▶茜菫菜
Viola phalacrocarpa
生長在日照充足、土塊
即將崩潰的土堤斜坡。
花是紫紅色，側瓣有白
毛。葉片長有許多絨毛。

◀犁頭草
Viola japonica
常見於一般住家周
邊的小型菫菜。常
常發生變異。

25

▼**紫花菫菜** *Viola grypoceras*
生長環境廣泛，包括光線明亮的
土堤和日照充足的樹林邊緣地帶
等，是一般最常見的菫菜。花色
的變化很多。生長在同樣環境的
羊肚菌是春季的食用蕈菇類。

長嘴菫菜▶
Viola rostrata
大多生長在日本海沿岸，
生長環境類似於紫花菫
菜。特徵是長形嘴狀的花
距。別名「天狗菫菜」。

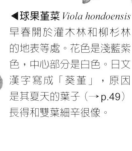

◀**球果菫菜** *Viola hondoensis*
早春開於灌木林和柳杉林
的地表等處。花色是淺藍紫
色，中心部分是白色。日文
漢字寫成「葵菫」，原因
是其夏天的葉子（→ p.49）
長得和雙葉細辛很像。

◀**大紫花菫菜**
Viola kusanoana
生長在日本海沿岸的多雪地
帶。大多生長在稍微潮溼之
處，葉片的感覺很柔軟。

▶**菫菜**
Viola verecunda
生長在稍微潮溼
的環境。又稱為
「坪菫」。花期
較晚。

勺立坪菫▶
Viola obtusa
生長在日照充足的土堤
等處。花形渾圓，顏色
為深紫色。中心部位是
白色。隱約帶有香氣。

開放花與閉鎖花

菫菜科的植物，在開過一般的花（開放花），還會再開閉鎖花。也就是在沒有昆蟲授粉的情況下，以自花授粉的方式結果。

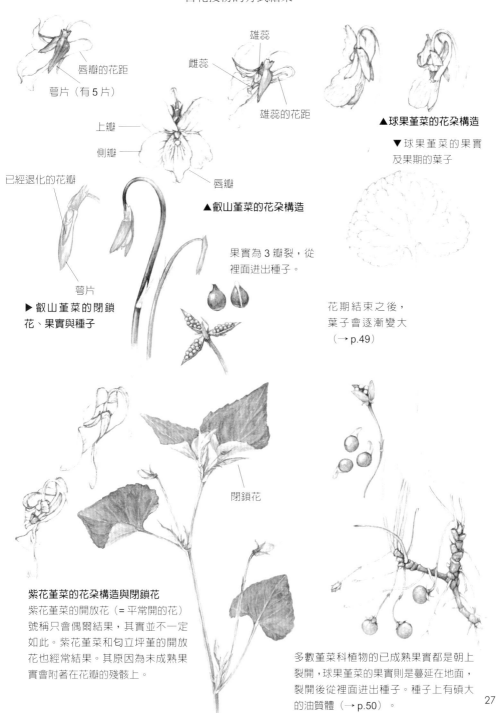

唇瓣的花距

萼片（有 5 片）

雄蕊

雌蕊

雄蕊的花距

▲球果菫菜的花朵構造

▼球果菫菜的果實及果期的葉子

上瓣

側瓣

已經退化的花瓣

唇瓣

▲叡山菫菜的花朵構造

萼片

▶叡山菫菜的閉鎖花、果實與種子

果實為 3 瓣裂，從裡面迸出種子。

花期結束之後，葉子會逐漸變大（→ p.49）

閉鎖花

紫花菫菜的花朵構造與閉鎖花
紫花菫菜的開放花（＝平常開的花）號稱只會偶爾結果，其實並不一定如此。紫花菫菜和匂立坪菫的開放花也經常結果。其原因為未成熟果實會附著在花瓣的殘骸上。

多數菫菜科植物的已成熟果實都是朝上裂開，球果菫菜的果實則是蔓延在地面，裂開後從裡面迸出種子。種子上有碩大的油質體（→ p.50）。

27

此時正是百花齊放、群芳爭豔，各種花卉開得如火如荼的時期。

除了豬牙花和延齡草，菫菜們也競相怒放。長在鳳凰菫菜和叡山菫菜的旁邊，貌似小竹筍的是浦島天南星。

灌木林裡的山櫻花，已綻放淡紅色的花朵。花開時，山楂葉楓帶有光澤的橄欖綠嫩葉也非常漂亮。就在我目不轉睛地看著盛開在地表的各種鮮花時，樹木的枝椏也已開始長出嫩葉。

分布在森林邊緣的紅葉莓開的白色花朵，吸引熊蜂拍著翅膀嗡嗡前來。生長在日照充足處土堤的蒲公英和金錢薄荷，吸引各種昆蟲靠近。這段時間，應該也是紫雲英開得正美麗的時候吧。

1　紫雲英（→ p.31）

2　彎曲碎米薺（→ p.13）

3　溼生葶藶（→ p.32）

4　看麥娘 *Alopecurus aequalis*〔禾本科〕
　　葉鞘可以當作笛子吹著玩。在日本又名「嗶嗶草」。

5　早熟禾 *Poa annua*〔禾本科〕
　　日文的漢字寫成「雀的帷子」。

6　天蓬草 *Stellaria alsine* var. *undulata*〔石竹科〕
　　日文寫成「蚤的衾（跳蚤的被子）」。

7　稻槎菜 *Lapsana apogonoides*〔菊科〕
　　日文的漢字寫成「田平子」。春季開於田地的冬綠型二年草。春天七草中的「佛座」即為本種（→ p.138）。

8　匍莖通泉草 *Mazus miquelii*〔通泉草科〕
　　日文的漢字寫成「紫鷺苔」，也可以單寫成鷺苔。生長在田畦等處。外表與其極為相似的通泉草幾乎不具匍匐性。也有些個體會開白花。

9　澤漆 *Euphorbia helioscopia*〔大戟科〕
　　日文的漢字寫成「燈台草」。農地的雜草。據說原產地是地中海沿岸（→ p.31）。

博學專欄

偶然的相似

匍莖通泉草和金錢薄荷不論是花形或顏色都非常相似。和紫花菫菜的花形也很類似。也常吸引髭長花蜂等昆蟲前來。

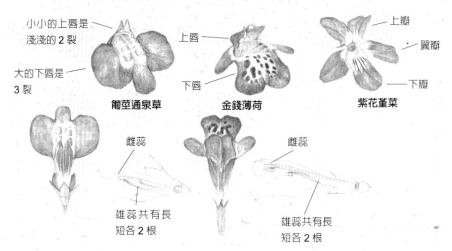

小小的上唇是淺淺的 2 裂

大的下唇是 3 裂

匍莖通泉草

上唇

下唇

金錢薄荷

上瓣

翼瓣

下瓣

紫花菫菜

雌蕊

雄蕊共有長短各 2 根

雌蕊

雄蕊共有長短各 2 根

　　超過某個年紀以上的人，我想應該都曾有過在紫雲英田裡玩耍的記憶。

　　以我自己來說，我到現在還記得在紫雲英的田裡不小心被蜜蜂螫到的慘痛經驗。

　　毛茛和堇菜的花開在向陽處土堤的枯草叢。被陽光照得閃閃發亮的毛茛，洋溢著朝氣與活力。它的英文名稱 Buttercup 也廣為人知，其花語是 memorys of childhood（兒時回憶）。毛茛的花到了傍晚便闔起來，垂下頭去。筆龍膽的花朵只在陽光灑落時綻放，東北堇菜也是在明亮的土堤開花。在這裡同時看得到地榆的葉子。

1　**毛茛** *Ranunculus japonicus*〔毛茛科〕
　　生長在明亮的草叢之間。別名「馬足形」，
　　但有人認為其實是「鳥足形」的音誤。這
　　個植物族群的英文名稱是 Crowfoot（烏鴉
　　腳），應該是源自它的葉形吧。德國將之
　　稱為 Hahnenfuss（雞腳）。

2　**筆龍膽** *Gentiana zollingeri*〔龍膽科〕
3　**東北堇菜** *Viola mandshurica*〔堇菜科〕
4　**救荒野豌豆** *Vicia angustifolia*〔豆科〕
5　**地楊梅** *Luzula capitata*〔燈心草科〕
　　日文漢字寫成「雀の槍」。命名緣由據說來
　　自花序的形狀貌似毛槍（用羽毛裝飾的長
　　槍）。

紫雲英▲

Astragalus sinicus〔豆科〕
紫雲英的葉柄會在果實成熟過程中豎
起，讓果實幾乎完全反轉。果實會朝
上下裂開成兩半，分成左右兩袋。

▲救荒野豌豆

Vicia angustifolia〔豆科〕
按照日文字面上的意思是「烏鴉的豌豆」，命
名理由可能源自其果豆成熟後顏色會發黑。
一枝葉柄的兩側長了許多小葉，排列成羽毛狀
而形成一片葉子的稱為羽狀複葉。葉子前端呈
捲鬚狀。葉柄基部的托葉裡面有圓盤狀凹槽，
負責分泌蜜汁，常吸引螞蟻前來。位於花以外
的蜜腺稱為花外蜜腺，據說是為了藉此吸引螞
蟻負責守衛工作，以防外敵入侵。

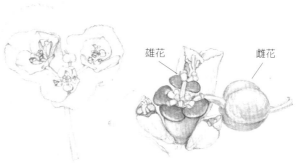

雄花　　　雌花

▲澤漆 *Euphorbia helioscopia*〔大戟科〕
澤漆的花呈複雜的嵌套結構，在由花苞變形而
成的「杯狀總苞」之中，花瓣和萼片都已消失，
只剩下幾朵成為雄蕊的雄花和一朵成為雌蕊的
雌花。「杯狀總苞」的邊緣會成為蜜腺體。這
種獨一無二的形狀被稱為杯狀花序。日文稱為
「燈台草」，源自其造型類似古時的燭台。把
莖折斷的話會流出白色的乳狀液體。

▲筆龍膽 *Gentiana zollingeri*〔龍膽科〕
「筆龍膽」之名得自其開花的方式。說到同樣
於春天開花的龍膽，另外還有春龍膽，與本種
不同之處在於碩大的根生葉會長出好幾枝花莖。

十字花科與薔薇科的黃色花朵

◀西洋油菜 *Brassica napus*

栽培目的是為了榨取油菜籽油，但野生個體也很多。葉片顏色帶有白色，像撒了白粉般，基部抱莖。外型和芥菜非常相似，差異在於後者的花比較小，葉片的基部也不抱莖。

歐洲山芥▶

Barbarea vulgaris

原產歐洲的歸化種。葉片頗為厚實，呈羽毛狀裂開。大多分布在河岸的碎石子地等處。

蜜腺

十字花科的花有4片花瓣和4片萼片。長的雄蕊4枚，短的雄蕊2枚，還有1枚雌蕊。

▼溼生葶藶

Rorippa islandica

日文名稱很奇特，稱為「鏤空田牛蒡」。常見於田畦等處。果實是中間凹陷的圓筒形。

▲諸葛菜

Orychophragmus violaceus

在日本又名大紫羅蘭花、紫花菜。來自中國的歸化植物。據說嫩葉可以食用。

▲蔊菜 *Rorippa indica*

外型和溼生葶藶非常相似，差異在於果實和葉子的形狀。

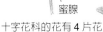

副萼片　萼片

皺果蛇莓的花

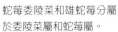

萼片　副萼片

三葉委陵菜的花

蛇莓委陵菜和雄蛇莓分屬
於委陵菜屬和蛇莓屬。

◀蛇莓委陵菜
P. centigrana

莓葉委陵菜▶
P. sprengeliana
大多生長在明亮
的草地。根生葉
是羽狀複葉。

三葉委陵菜▼
P. freyniana
生長在明亮的草地。

▶雄蛇莓
Potentilla sundaica var.
robusta
常見於田畦等處。根
生葉有 5 片小葉。

果實表面有皺紋。

▲皺果蛇莓
Duchesnea chrysantha
生長在田畦等日照充足的地方
（→ p.139）。

表面平滑

根生葉是
3 小葉。

蛇莓
D.indica
蛇莓成員的特徵是花托會變得肥大，
轉紅。表面突起的一顆顆微小顆粒其
實是真正的果實。果實表面若有皺褶
就是皺果蛇莓，平滑的就是蛇莓。雖
然沒有毒性，但吃起來並不美味。皺
果莓果大多生長在樹蔭下，整體體型
大於蛇莓。

博學
專欄

容易混淆的兩個屬

蛇莓屬（*Duchesnea*）成員和委陵菜屬
（*Potentilla*）成員非常相似，常常讓人混
淆。副萼片較大，前端分 3 裂，而且果實
會轉紅的是蛇莓。委陵菜的副萼片較為細
長，而且果實也較不起眼。可透過根生葉
的形狀辨別兩者。它們的生長環境也稍有
不同。

變性植物們

當紫花菫菜長得過於茂密、灌木林的山櫻花開得滿山遍野、山東萬壽竹開出清新的白色小花、細齒南星也出現異於平常的模樣，就是植物們變性的時候。

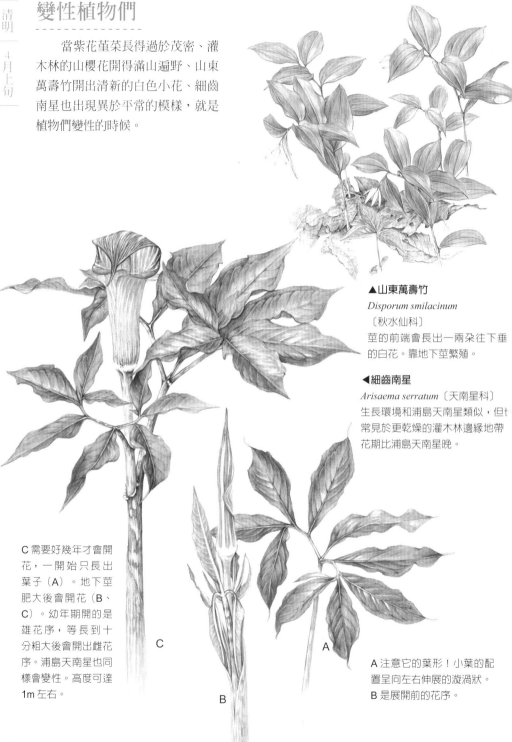

▲山東萬壽竹
Disporum smilacinum
〔秋水仙科〕
莖的前端會長出一兩朵往下垂的白花。靠地下莖繁殖。

◀細齒南星
Arisaema serratum〔天南星科〕
生長環境和浦島天南星類似，但也常見於更乾燥的灌木林邊緣地帶。花期比浦島天南星晚。

C 需要好幾年才會開花，一開始只長出葉子（A）。地下莖肥大後會開花（B、C）。幼年期開的是雄花序，等長到十分粗大後會開出雌花序。浦島天南星也同樣會變性。高度可達1m左右。

C

B

A

A 注意它的葉形！小葉的配置呈向左右伸展的漩渦狀。
B 是展開前的花序。

浦島天南星的花序與其剖面素描
棒狀構造（肉穗）的前端呈絲狀，可長
到 50 ～ 60cm。

**細齒南星的花序與其剖
面素描**
花苞的顏色多變，有綠
色也有紫褐色。綠白或
紫褐色搭配白色條紋模
樣相當美麗。
浦島天南星、細齒南星
或臭菘、水芭蕉等天南
星科特有的苞片稱為「佛
焰苞」。

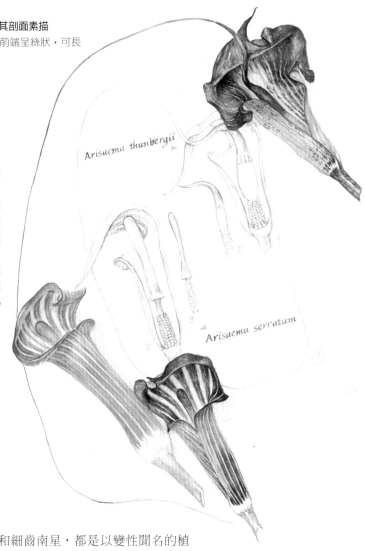

Arisaema thunbergii

Arisaema serratum

　　浦島天南星和細齒南星，都是以變性聞名的植
物。打開位於花莖前端的大苞片一瞧，馬上發現裡面
呈棒狀的構造，其底部也密生小花。這樣的花序稱為
肉穗花序。尚處於幼年期，地下莖長得不夠大的個體，
只會開雄花，唯有地下莖長得肥大的個體才會開出雌
花。

我覺得從這段時間到 5 月的黃金週連假，應該是日本關東平原地帶一整年中，最為燦爛光輝的季節。

枹櫟的淺綠色嫩葉，像是裹上一層銀白色細毛，遠看像是有一張柔軟的面紗，覆蓋住灌木林樹冠；山櫻花、楓樹、蕨類植物、燈台樹的嫩葉，分別染上淺黃色、橄欖綠，有時還帶有金色的光景，美得讓人屏氣凝神。這一幕光景讓我聯想到秋天的紅葉，因此更覺得珍貴，忍不住駐足停留，看得入神。不過，負責指揮這首壯麗自然進行曲的指揮官，馬上颳起一陣大風，強到連自己的指揮棒都被吹得無影無蹤，並且以迅雷不及掩耳速度，替原野換上綠油油的新衣。林床部分，則由雙瓶梅和荷青花攜手，點綴所剩無幾的春日。把目光轉向土堤的草叢，只見遍地都是盛開的毛茛。理應在秋天開花的地榆和沙參也冒出了嫩芽。

「非明非闇春夜朦朧月妙不可言無可比擬」（大江千里〈新古今〉卷 1）

有道是春宵一刻值千金。在魅惑的春宵從打開的窗子傳來單調「喞喞」聲，這是細剪螽的叫聲。它屬於螽斯的成員，以成蟲型態越冬後，到了春天會開始鳴叫。

淫羊藿▶
Epimedium grandifloum var.
thunbergianum〔小檗科〕
花形像船錨。漢方稱為
〔淫羊藿〕，當作滋養強
壯的藥物使用。

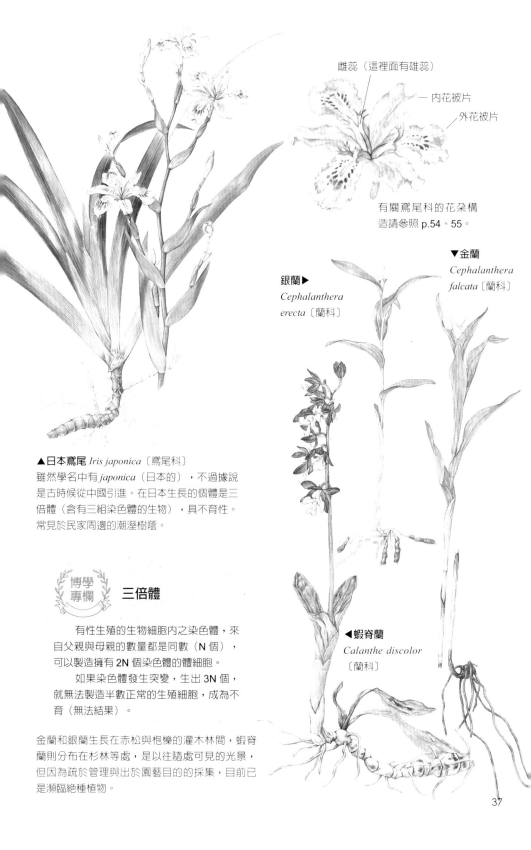

雌蕊（這裡面有雄蕊）

— 內花被片

外花被片

有關鳶尾科的花朵構造請參照 p.54、55。

▲日本鳶尾 *Iris japonica*〔鳶尾科〕
雖然學名中有 *japonica*（日本的），不過據說是古時候從中國引進。在日本生長的個體是三倍體（含有三組染色體的生物），具不育性。常見於民家周邊的潮溼樹蔭。

博學專欄　**三倍體**

　　有性生殖的生物細胞內之染色體，來自父親與母親的數量都是同數（N 個），可以製造擁有 2N 個染色體的體細胞。
　　如果染色體發生突變，生出 3N 個，就無法製造半數正常的生殖細胞，成為不育（無法結果）。

金蘭和銀蘭生長在赤松與枹櫟的灌木林間，蝦脊蘭則分布在杉林等處，是以往隨處可見的光景，但因為疏於管理與出於園藝目的的採集，目前已是瀕臨絕種植物。

▼金蘭
Cephalanthera falcata〔蘭科〕

銀蘭▶
Cephalanthera erecta〔蘭科〕

◀蝦脊蘭
Calanthe discolor〔蘭科〕

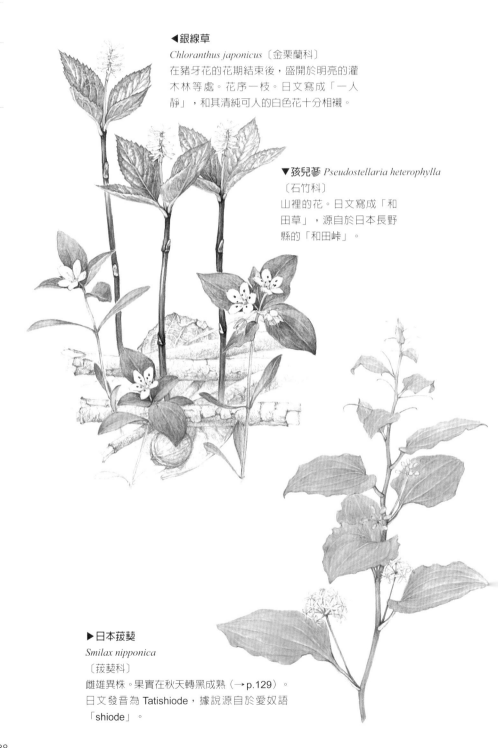

◀銀線草

Chloranthus japonicus〔金粟蘭科〕
在豬牙花的花期結束後，盛開於明亮的灌
木林等處。花序一枝。日文寫成「一人
靜」，和其清純可人的白色花十分相襯。

▼孩兒蔘 *Pseudostellaria heterophylla*
〔石竹科〕
山裡的花。日文寫成「和
田草」，源自於日本長野
縣的「和田峠」。

▶日本菝葜

Smilax nipponica
〔菝葜科〕
雌雄異株。果實在秋天轉黑成熟（→p.129）。
日文發音為 Tatishiode，據說源自於愛奴語
「shiode」。

日本琉璃草
〔紫草科〕
Omphalodes japonica
生長在半陰環境的山崖
等處。

▶山桔梗
Peracarpa carnosa var. *circaeoides*
〔桔梗科〕
地下莖往地表柔軟的腐葉層不斷伸
展，是種纖細的植物。

◀雙葉細辛
Asarum caulescens
〔馬兜鈴科〕
京都葵祭（賀茂祭）所使用
的「葵」即為本種植物。生
長在小河旁的潮溼樹蔭。

白花碎米薺
Cardamine leucantha
〔十字花科〕
日文稱為崑崙草。命名原因源自於白
色花朵令人聯想到崑崙山的積雪。種
小名 *leucantha* 是「白色花朵」的意
思。

40

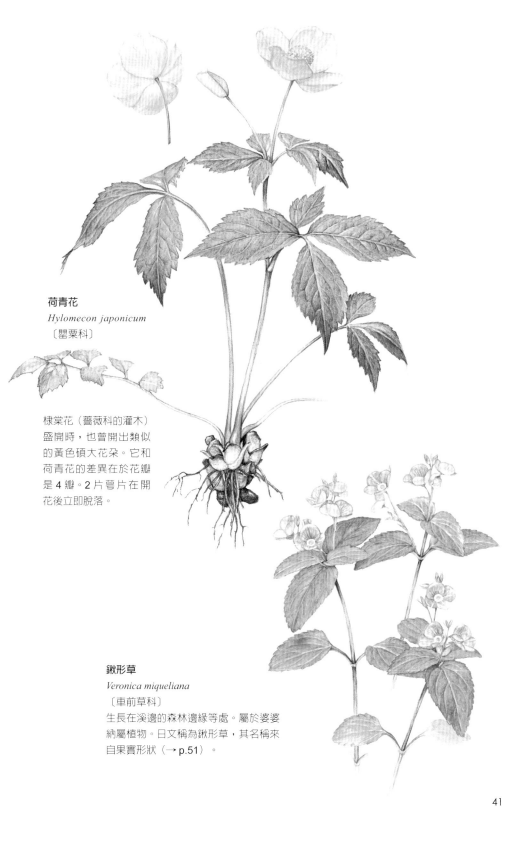

荷青花

Hylomecon japonicum

〔罌粟科〕

棣棠花（薔薇科的灌木）
盛開時，也曾開出類似
的黃色碩大花朵。它和
荷青花的差異在於花瓣
是 4 瓣。2 片萼片在開
花後立即脫落。

鈑形草

Veronica miqueliana

〔車前草科〕
生長在溪邊的森林邊緣等處。屬於婆婆
納屬植物。日文稱為鈑形草，其名稱來
自果實形狀（→ p.51）。

蕁麻葉龍頭草▼

Meehania urticifolia
〔唇形科〕

日文寫成「羅生門葛」。據說其花形讓人聯想到以前有位姓渡邊的武士所制伏的惡鬼──羅生門的手臂。花朵散發著充滿魅力的香氣。開花後，莖會伏生於地面不斷蔓延。

▶短柄野芝麻

Lamium album
〔唇形科〕

日文稱為「踊子草」，源自於其花形讓人聯想到帶著斗笠的舞者。花具有特殊構造，讓熊蜂潛入花中吸取蜜汁時，花粉會附著在牠的背部，以完成授粉的目的。

▲筋骨草

Ajuga incisa
〔唇形科〕

葉形和柊樹相似。生長在溪邊的林地。

▼東國紫蘇葉立波

Scutellaria abbreviata〔唇形科〕

◀短促京黃岑

Scutellaria pekinensis var. *transitra*
〔唇形科〕

日文寫成「立波草」。源自於花序形狀看起來像波浪。

仙洞草▲

Chamaele decumbens〔繖形科〕

日文寫成「仙洞草」，但語源不明。春天在森林裡盛開，外型討喜可愛。

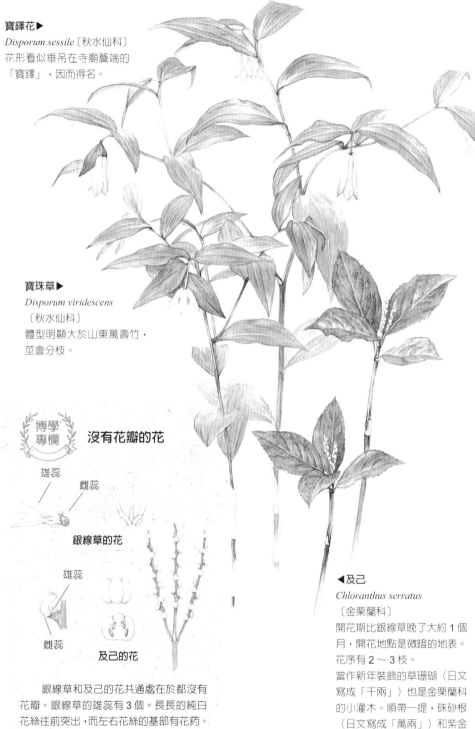

寶鐸花▶
Disporum sessile〔秋水仙科〕
花形看似垂吊在寺廟簷端的
「寶鐸」，因而得名。

寶珠草▶
Disporum viridescens
〔秋水仙科〕
體型明顯大於山東萬壽竹，
莖會分枝。

博學
專欄

沒有花瓣的花

雄蕊
雌蕊

銀線草的花

雄蕊

雌蕊

及己的花

◀及己
Chloranthus serratus
〔金栗蘭科〕
開花期比銀線草晚了大約 1 個
月，開花地點是微暗的地表。
花序有 2 ～ 3 枝。
當作新年裝飾的草珊瑚（日文
寫成「千兩」）也是金栗蘭科
的小灌木。順帶一提，硃砂根
（日文寫成「萬兩」）和紫金
牛（日文別名是「十兩」）同
屬紫金牛科。

　　銀線草和及己的花共通處在於都沒有
花瓣。銀線草的雄蕊有 3 個。長長的純白
花絲往前突出，而左右花絲的基部有花藥。
及己的雄蕊也是 3 個，合體的形狀像棒球
手套，位置剛好被雌蕊蓋住。內側有 4 個
淡茶色的花藥。

觀察花的構造

夾雜在盛開的春飛蓬花叢之中,大薊也悄悄開花了。
冰清絹蝶優雅地飛舞,將春天的原野妝點得更加迷人。

1　**刻葉紫堇** *Corydalis incisa*〔紫堇科〕
常見於草叢和森林邊緣等處的二年草。是冰清絹蝶的食草。

2　**伏莖紫堇**（→ p.21）

3　**毛茛**（→ p.30）

4　**白屈菜** *Chelidonium majus*〔罌粟科〕
莖一折斷會流出黃橙色汁液。花瓣有 4 片。整體長著柔軟的白毛。

5　**春飛蓬** *Erigeron philadephicus*〔菊科〕
原產於北美。昭和初期的園藝植物圖鑑將其列為花圃植物。同為飛蓬屬的一年蓬花期稍晚一些。

6　**大薊** *Cirsium japonicum*〔菊科〕
春天在土堤草叢開花的薊花即為本種。總苞片具有黏性。

7　**泥糊菜** *Hemistepta lyrata*〔菊科〕
與大薊相似的花，但並不是薊屬植物，也沒有刺。本種是冬綠型的二年草。

8　**酸模** *Rumex acetosa*〔蓼科〕
在草叢隨處可見。雌雄異株。日文稱為「酸葉」，來自於一咬就有酸味。

9　**冰清絹蝶** *Parnassius glacialis*〔鳳蝶科〕
悠閒的飛舞於草叢間。原始的鳳蝶成員。成蟲只有在春天現身。幼蟲食用的草類是刻葉紫堇。

10　**小青花金龜** *Oxycetonia jucunda*〔金龜子科〕
日文寫成「小青花潛」。此類金龜會把頭探進大薊等植物的花裡食用花粉。近緣種包括青花潛金龜和黑花潛金龜等。

泥糊菜的花朵剖面

大薊的筒狀花▶
白色的花粉被推擠出來（B），之後雌蕊會伸長（C）。

A　B　C

春飛蓬的花朵剖面。細長的舌狀花（A）在外側，中央有多數的筒狀花（B）。

B　A

博學專欄　**以莖分辨**

▲刻葉紫堇的花朵剖面
4 片花瓣呈立體狀，構造複雜。雄蕊和雌蕊被內側的 2 片花瓣包覆其中。

酸模的雌花
酸模是雌雄異株植物。紅色絲狀物是雌蕊的柱頭。內花被會成長增大，包住果實。

一年蓬（左）的莖內部被白髓填滿。春飛蓬（右）的莖是中空。一年蓬的花期比春飛蓬稍晚。

像蒲公英的花

　　春天的原野有許多盛開的黃色花朵。不論種類或數量都很可觀。

　　這群黃色大軍由蒲公英領頭，旗下還包括圓葉苦蕒菜、齒葉苦蕒菜，還有蛇莓、三葉委陵菜和十字花科的成員。另外還有白屈菜和毛茛共襄盛舉。它們的共通之處是花朵都呈圓皿狀，而且雄蕊和雌蕊都露在外面。黃色好像是花虻喜歡的顏色。

　　上面列舉的花，都和蒲公英有同樣的構造。也就是單由舌狀花構成一整朵花。另外一項共同特徵是莖一折斷都會流出白色汁液。

1　**蔓苦蕒** *Ixeris stolonifer*
日文稱為「地縛」。也稱「岩苦菜」。

2　**細葉剪刀股** *I. debilis*
日文稱為「大地縛」。細葉剪刀股的花明顯比圓葉苦蕒菜的花大，生長在田畦等潮溼之處。

3　**齒葉苦蕒菜** *I. dentata*
常見於日照充足的草叢。纖長的姿態頗富風情。種小名 *dentata* 源自葉子帶有齒狀的刻痕。

4　**黃鵪菜** *Youngia japonica*
常見於民房周邊。整體生有細毛。日文稱為「鬼田平子」，源自於體型比日文稱為「田平子」的
稻槎菜碩大。但稻槎菜是其他屬的植物。

5　**苦苣菜** *Sonchus oleraceus*
日文稱為「春野芥子」，也稱為「野罌粟」。秋天也開花。據說是史前歸化植物（→ p.114）。

6　**鬼苦苣** *S. asper*
日文稱為「鬼野罌粟」。外型與苦苣菜類似，差異在於其葉有刺，碰到會痛。原產於歐洲的歸化
植物。秋天也開花。

7　**毛連菜** *Picris hieracioides*
日文稱為「髮剃菜」。整體生有剛毛，摸起來很粗糙。據說日文名稱是「剃刀菜」的音誤。莖部
長有剛毛，所以摸到會感覺刺痛。

博學專欄　**檢查花的構造**

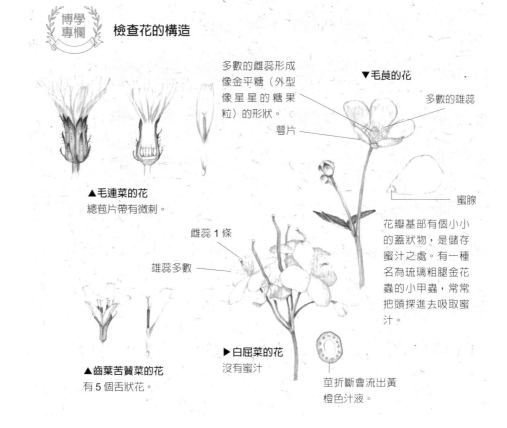

多數的雌蕊形成像金平糖（外型像星星的糖果粒）的形狀。

▼**毛茛的花**

多數的雄蕊

萼片

▲**毛連菜的花**
總苞片帶有微刺。

蜜腺

花瓣基部有個小小的蓋狀物，是儲存蜜汁之處。有一種名為琉璃粗腿金花蟲的小甲蟲，常常把頭探進去吸取蜜汁。

雌蕊 1 條

雄蕊多數

▲**齒葉苦蕒菜的花**
有 5 個舌狀花。

▶**白屈菜的花**
沒有蜜汁

莖折斷會流出黃橙色汁液。

▼結了果的豬牙花，但果實尚未成熟。可能是養分都流到地下莖了吧。顏色褪去，感覺快要融化消失的葉片，帶著夢幻般的美感。值得一看。

　　在春天裝飾地表的植物，其中有不少種類都是花開了1個月左右，便結束在地面的生活。豬牙花也是其中之一。有一年，我在4月初先去畫了剛開花的模樣，接著過了1個月，又到同一地點去。盛開的三葉木通和山櫻花把灌木林的地表遮得嚴嚴實實，陽光完全照不進來。絲毫感覺不到早春的明亮氣息。

　　說到豬牙花，最顯目的特徵是被肥大飽滿果實壓得彎曲的花莖，但這也表示果實即將成熟迸裂。等到它掉落到栗子樹和色木槭的落葉上，表示使命已經完成。雖然葉子的生命已所剩無幾，彷彿隨時要枯萎消失，卻美得難以形容。它的色彩是黃中帶紅，呈現半透明質感，只有葉脈突起，就像蜉蝣或蟬的翅膀，美得十分夢幻。

紫藤花散去意味著春天的結束，等到純白的卯花（齒葉溲疏）滿開，表示夏季到來⋯⋯如此分明的季節感，似乎源自於古今集。立夏雖然正值春夏交界之際，事實上，立夏前後的景致也大為不同。早春的花兒們爭奇鬥豔，將地表妝點得萬紫千紅，絢麗奪目，但春天的腳步才一離去，被新綠覆蓋的森林馬上變得沉穩幽暗。樹蔭下的雜草們也欣欣向榮，連想踏進去都寸步難行。枯葉上傳來窸窣的腳步聲。好奇一看，原來是步行蟲和步甲蟲的成員。就連昆蟲們也開始積極地展開活動了。

早春的群花們也不約而同的讓種子從熟透的果實一一迸出。有許多植物為了傳播自己的種子，必須借助螞蟻的力量。當然，也必須付出誘人的報酬。

走到已插秧水田旁的灌木林一瞧，日本厚朴已經開出了碩大的白色花朵，從遠處就能聞到其迷人的香氣。葉片大的話，開出來的花自然也不小。如果完全綻放，直徑大約有 20 公分吧。以近距離欣賞的機會不多，但如果天時地利的條件符合，強烈的柑橘類香氣遠從 100 公尺外就聞得到。只要循著香味前進，相信不難發現它的蹤跡。

在赤松林間發出「Myoki Myoki kekeke⋯⋯」叫聲的是春蟬。它一向位於高處，所以很難得看到其廬山真面目。

到了 5 月 20 日前後幾天，布穀鳥和杜鵑都會從其他地方飛來。杜鵑的叫聲聽起來很像日語發音的「特許許可局」，很多人常常把它的叫聲與樹鶯混淆。仔細一想，杜鵑托卵的對象正是樹鶯呢。不曉得叫聲相似和這點有沒有什麼關係。

◀球果菫菜夏天時的葉子

▼叡山菫菜夏天時的葉子

那麼可愛的菫菜，葉子竟是生得如此模樣！大到很誇張的地步。

10cm

春天花卉的果實與種子

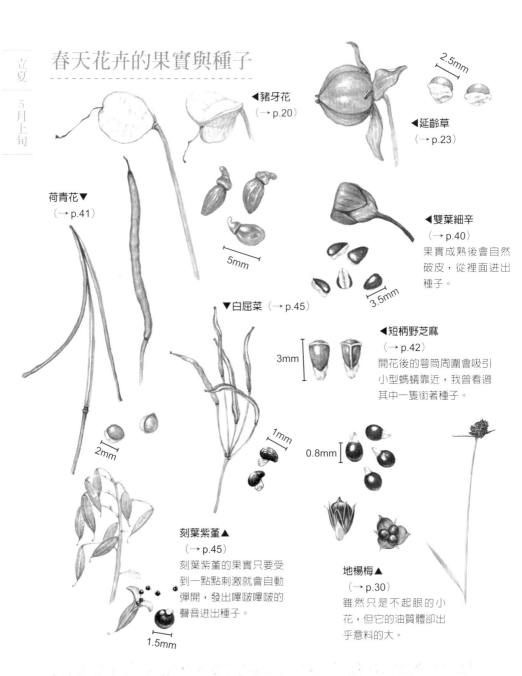

◀豬牙花
（→p.20）

2.5mm

◀延齡草
（→p.23）

荷青花▼
（→p.41）

◀雙葉細辛
（→p.40）
果實成熟後會自然
破皮，從裡面迸出
種子。

5mm

3.5mm

▼白屈菜（→p.45）

◀短柄野芝麻
（→p.42）
開花後的萼筒周圍會吸引
小型螞蟻靠近，我曾看過
其中一隻銜著種子。

3mm

1mm

0.8mm

2mm

刻葉紫堇▲
（→p.45）
刻葉紫堇的果實只要受
到一點點刺激就會自動
彈開，發出嗶啵嗶啵的
聲音迸出種子。

地楊梅▲
（→p.30）
雖然只是不起眼的小
花，但它的油質體卻出
乎意料的大。

1.5mm

博學專欄　油質體

　　種子的某一部分脂肪含量特別高、呈白色塊狀物，被稱為油質體。它也是螞蟻心目中
的美食。為了取得油質體，螞蟻會連同整顆種子搬回蟻窩。吃剩的種子會被丟棄到蟻窩外，
植物也藉此分布到各地。換言之，植物以油質體充當運費，讓螞蟻替它把種子散播出去。

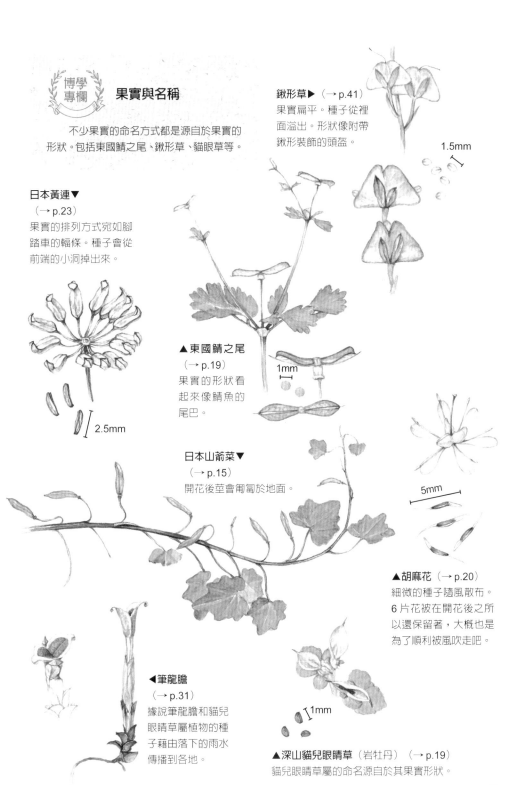

博學專欄 **果實與名稱**

不少果實的命名方式都是源自於果實的形狀。包括東國鯖之尾、鍬形草、貓眼草等。

鍬形草▶（→ p.41）
果實扁平。種子從裡面溢出。形狀像附帶鍬形裝飾的頭盔。

1.5mm

日本黃連▼
（→ p.23）
果實的排列方式宛如腳踏車的輻條。種子會從前端的小洞掉出來。

2.5mm

▲東國鯖之尾
（→ p.19）
果實的形狀看起來像鯖魚的尾巴。

1mm

日本山葵菜▼
（→ p.15）
開花後莖會匍匐於地面。

5mm

▲胡麻花（→ p.20）
細微的種子隨風散布。6片花被在開花後之所以還保留著，大概也是為了順利被風吹走吧。

◀筆龍膽
（→ p.31）
據說筆龍膽和貓兒眼睛草屬植物的種子藉由落下的雨水傳播到各地。

1mm

▲深山貓兒眼睛草（岩牡丹）（→ p.19）
貓兒眼睛草屬的命名源自於其果實形狀。

位於小河旁的土堤，大薊和齒葉苦
藚菜都已經開花了。外來種的黃
菖蒲也在這時開花。春天到初夏這段
時間，也是蜻蜓活躍的時期。川珈螁
也是其中之一。牠們拍動著細長的翅
膀，在水面上緩慢飛行。身體成熟後，
會帶有一層藍中帶白的粉狀物。在陽
光照射下，金綠色的胸部和透明的翅
膀顯得閃閃發亮，非常美麗。

　　〈夏天到了〉這首歌曲中所歌詠
的，大概就是這個時候的情景吧。

　　「棟花散落　從河畔的旅社遠遠
聽到水雞的啼叫聲……」歌詞中提到
的棟，就是苦棟。這裡的苦棟和日本
俗諺「旃壇（檀香。日文發音和棟相
同）出葉就芬芳（英雄出少年）」中
的旃壇是不同的植物。

苦棟
Melia azedarach
〔棟科〕

1　西洋菜 *Natsurtium officinale*〔十字花科〕
　　明治時期從歐洲傳到日本後馴化為栽培
　　種。來自國外的舶來品以前會被冠上「荷
　　蘭」二字。連一般食用的草莓也曾被稱
　　為「荷蘭草莓」。種小名 *officinale* 是「藥
　　用的」。

2　狐牡丹（→ p.53）

3　川珈螁 *Mnais pruinosa*〔珈螁科〕
　　常見於初夏的小河。雄蜻蜓的翅膀顏色
　　分為黃褐色和無色兩種。雌蜻蜓的翅膀
　　都是無色。

三白草▶

Saururus chinensis

〔三白草科〕

開花時，莖頂的葉片表面會變白。
半夏生（從夏至算起第 11 天）左右
開花。屬於溼地植物，數量不多。

◀水甘草 *Amsonia elliptica*

〔夾竹桃科〕

獨特的淺藍紫色花很美麗。屬於溼
地植物，但也是瀕臨絕種的品種。

▲櫻草

Primula sieboldii

〔報春花科〕

屬於溼地植物，但因開發與採伐，野
生個體已面臨絕種危機。依雄蕊和雌
蕊的長度植株分為兩種類型。

◀毛茛

Ranunculus cantoniensis〔毛茛科〕

紫雲英和細葉剪刀股等植物一到春天就
在休耕田和田畦等處開花。莖的水分偏
多，整體長有許多白色毛。開花同時花
莖也跟著不斷伸展，直到梅雨季左右花
期才結束。

▶狐牡丹

Ranunculus quelpaertensis〔毛茛科〕

梅雨季開在潮溼的森林邊緣等處。莖比
毛茛的莖細，但感覺更有韌性。另一
項特徵是果實的前端會往外彎曲。

不是鳶尾花就是燕子花

鳶尾科成員都有華麗優美的姿態，大家各有千秋，難分軒輊。為了吸引昆蟲而發展出來的立體構造，其實也相當有看頭。

▼溪蓀
Iris sanguinea

外花被片中央的黃色部分和網狀紋路非常顯目。生長在山地的山鳶尾葉片較寬，內花被片較小。

＊這是溪蓀葉子的正面還是背面？答案是全部都是背面。圖中畫的是把正面往內折成兩半的模樣。菖蒲的葉子也一樣。

▼玉蟬花
I.ensata var. *spontanea*
生長在溼地，開紫紅色的花。外花被片的中央分布著黃色條紋。花期大約是6～7月。園藝種的玉蟬花即是由野生種改良而成。

▲燕子花
I. laevigata
生長在池塘和沼澤，花是藍紫色。外花被片的中央有白色條紋。花期較早，5～6月就開花。清新的模樣很受歡迎，以前就時常成為我下筆的對象。和花朵構造更為立體複雜的溪蓀相比，我覺得燕子花比較端正容易繪畫。

◀黃菖蒲
I. pseudo-acorus
原產於歐洲的歸化種。時常群生於水邊。內花被片比較小。

溪蓀花的構造

內花被片

雌蕊

雄蕊（花藥）

柱頭

外花被片

子房

雄蕊貼附著很容易誤看成是花瓣一部分的碩大雌蕊。利用熊蜂潛入與外花被片之間的空隙時，花粉就沾附在牠的背上被傳播出去。

▼菖蒲

Acorus calamus〔菖蒲科〕

在端午節（農曆 5 月 5 日，國曆約 6 月初）使用的「菖蒲」即為本種。和玉蟬花分屬於兩種不同的植物。以前菖蒲的日文發音和溪蓀一樣，也讀成「Ayame」，因此造成混淆。其氣味宜人，和艾草一起被吊在屋簷下，當作沐浴用的艾草浴。

溪蓀的果實

像玉米的細長穗狀物是一朵朵小花的集合體。

◀石菖蒲

Acorus gramineus〔菖蒲科〕

生長在溪流沿岸等處。以常綠這點和菖蒲區分。沒有芳香的氣味。菖蒲和石菖蒲的花序與火鶴花很像。

玉蟬花的果實

橢圓形的果實枯萎後顏色會發白。

55

寄生植物的異形

▲彎柱羊耳蒜
Liparis kumokiri
〔蘭科〕
常和山蘿花、鹿蹄草、
水晶蘭等植物一起生長
在赤松、枹櫟等灌木林。

◀山蘿花
Melampyrum roseum var. *japonicum*
〔列當科〕
半寄生在禾本科等植物。花序的苞
緣呈絲狀突出，密生著白毛。紅紫
色的花朵下唇有兩個瘤狀隆起，據
說看起來像飯粒。過了一段時間會
從白色轉變為紅紫色。

所謂的寄生植物意即不自行進行
光合作用，而是從其他植物或菌類獲
得營養。因此它們沒有葉子用來進行
光合作用，也沒有葉綠素，外觀顯得
較為奇特。例如寄生在紅菽草的分枝
列當（→ p.64）和同樣從其莖部獲取
養分的平原菟絲子（→ p.87）皆為此
類。水晶蘭從地底中的菌類獲得營養。
與菌類共生的植物，除了蘭科，還有
鹿蹄草和羊蹄草。即使採集了這些植
物帶回去移植，生長情況通常都不理
想。

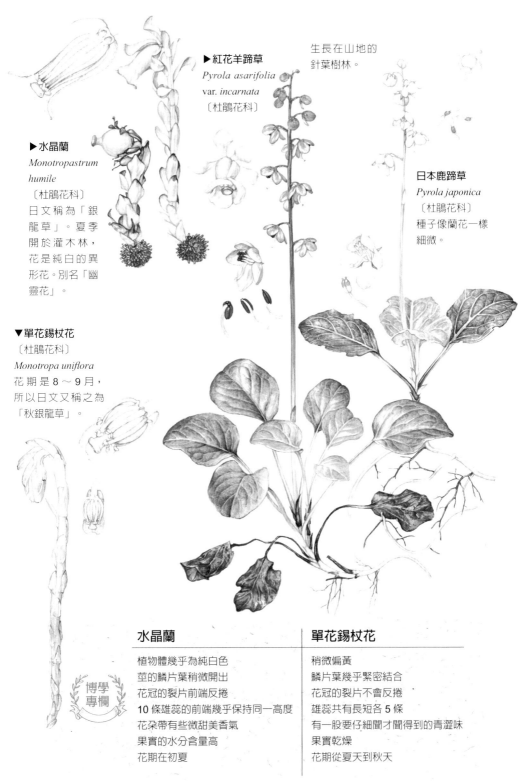

▶紅花羊蹄草
Pyrola asarifolia
var. *incarnata*
〔杜鵑花科〕

生長在山地的
針葉樹林。

▶水晶蘭
Monotropastrum
humile
〔杜鵑花科〕
日文稱為「銀
龍草」。夏季
開於灌木林，
花是純白的異
形花。別名「幽
靈花」。

日本鹿蹄草
Pyrola japonica
〔杜鵑花科〕
種子像蘭花一樣
細微。

▼單花錫杖花
〔杜鵑花科〕
Monotropa uniflora
花期是 8～9 月，
所以日文又稱之為
「秋銀龍草」。

博學
專欄

水晶蘭	單花錫杖花
植物體幾乎為純白色	稍微偏黃
莖的鱗片葉稍微開出	鱗片葉幾乎緊密結合
花冠的裂片前端反捲	花冠的裂片不會反捲
10 條雄蕊的前端幾乎保持同一高度	雄蕊共有長短各 5 條
花朵帶有些微甜美香氣	有一股要仔細聞才聞得到的青澀味
果實的水分含量高	果實乾燥
花期在初夏	花期從夏天到秋天

造訪花朵的蜂之世界

對植物而言，熊蜂是負責傳播花粉的重要夥伴。受限於體型大小和口器（舌）等條件，有些熊蜂偏好特定種類的花，或者只造訪某幾種植物。

大體而言，熊蜂的毛都很濃密，體型渾圓。大多把花粉附著在後腳上傳播出去。

一身濃毛、體型肥碩的熊蜂，雖然都屬於大尺寸體型，但口器的長短程度因種類而異。長吻的虎花蜂可以從野鳳仙花的花朵開口部潛入，吸取裡面的花蜜，但是短口器的炎熊蜂和日本土蜂有時就改從外部插入口器，盜取裡面的花蜜。

木蜂雖然不屬於熊蜂族群，但是也同樣會盜取花蜜。

歐洲熊蜂是外來昆蟲。野生化的個體與其他日本原生的熊蜂競爭，威脅到原生種的生存，目前已成了隱憂。

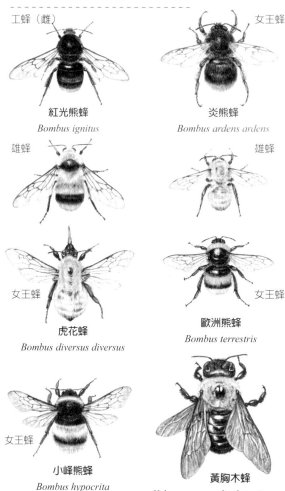

工蜂（雌）
紅光熊蜂
Bombus ignitus

女王蜂
炎熊蜂
Bombus ardens ardens

雄蜂

雄蜂

女王蜂
虎花蜂
Bombus diversus diversus

女王蜂
歐洲熊蜂
Bombus terrestris

女王蜂
小峰熊蜂
Bombus hypocrita

黃胸木蜂
Xylocopa appendiculata circumvolans

　　對植物有興趣——特別是對花有興趣的人，自然也會關心起昆蟲。大家覺得看起來賞心悅目，以觀賞為目的而改良、栽培的園藝花卉，不論種類為何，之所以能具備迷人的造型、色彩、香氣，其實都少不了蜜蜂這位幕後功臣。各種異國的奇花異草、珍奇異獸固然令人看得目眩神迷，但我們也別忘了，身邊的野生植物與昆蟲，其實也具備高度適應自然的能力，並

且會展現千奇百怪的姿態。當我們掌握在日本難得一見、專屬熱帶美洲的蜂鳥生態之餘，卻對近在身邊的畫行性天蛾一無所知，我想絕非值得驕傲的事。

　　昆蟲種類多如繁星，或許無法一看就能做出正確鑑定，但是至少分辨個大概，知道到底是熊蜂、花虻或是葉蜂。心裡若有個底，不但覺得開心滿足，還可以加強辨識能力。

青條花蜂
Anthophora florea
本種和波琉璃紋花
蜂出現在夏秋兩季。

切葉蜂的一種

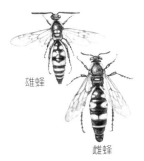

波琉璃紋花蜂
Thyreus decorus

尖花蜂的一種

雄蜂

雌蜂

日本土蜂
Scolia japonica
土蜂的成員，寄
生在金龜子的幼
蟲身上。

博學
專欄　盜食寄生

　　有些蜂類會入侵其他蜂類的蜂巢，
不但在裡面產卵，也會搶奪糧食。

　　牠們自己不築巢也不收集糧食，
所以身上沒有攜粉足，而是以一身盔甲
來武裝自己。

　　外型美麗的波琉璃紋花蜂，選擇
條蜂當作盜食寄生的對象。牠們經常造
訪爵床等植物。

　　切葉蜂的成員和熊蜂不一樣，牠
們利用腹部下面的攜粉足收集並運送花
粉。夏秋這段時間，如果看到出沒在屬
於豆科的胡枝子和馬棘，或者是大薊的
花等植物，腹部下方被花粉染得全白的
蜂類，那就是切葉蜂成員了。

　　而尖花蜂，正是選擇切葉蜂當作
盜食寄生的對象。

雄蜂的觸角非常長

雄蜂

日本短足葉蜂
Tetralonia nipponensis

博學
專欄　蜂毒

　　就像每年都會傳出有人被胡蜂螫
死的新聞一樣，蜂毒的確很可怕。但我
認為無須過度恐慌。

　　蜂的毒針由雌蜂的產卵管變化而
來，所以螫人的絕對不是雄蜂。具有社
會性的蜜蜂、熊蜂、長腳蜂等的工蜂全
都是雌蜂；雖然牠們都有毒針，但除非
有外敵侵門踏戶，到蜂巢找麻煩，或者
隨便觸摸牠們，基本上牠們不會主動攻
擊。

　　有些種類的雄蜂與雌蜂體色和外
型相差很大；如果能正確辨識何種為
雄蜂，即使徒手抓牠，也不會擔心被螫
了。

東方蜜蜂
Apis cerana
在樹洞等處築巢。體色和
歐洲熊蜂相比偏黑。

家長腳蜂
Polistes jadwigae

現身於春天

雌蜂

黃胡蜂
Vespula lewisii

　　為了育兒而收集花粉和花蜜的熊蜂以外，也有許多為
了當作自己能量來源而採蜜的蜂類。

食蚜蠅和蒼蠅的成員，對花而言也是傳播花粉的重要媒介。牠們不像蜂類需要採集花蜜養育下一代，所有採集的花蜜和花粉都是自己的糧食。因此牠們沒有攜粉足，也不會潛入花朵的深處。牠們只會流連於花朵上，用海綿狀的口器舐食花蜜和花粉。

整體呈平坦盤狀、雄蕊和雌蕊皆外露的花，形狀很適合食蚜蠅活動。所以以唇形科的花特別容易吸引牠們，常可見大量的食蚜蠅和蠅類聚集。

雖然牠們不像蜂類有毒針當作防身武器，但是體色大多類似，算是一種擬態。後翅退化，所以翅膀看起來只剩下兩片的就是食蚜蠅和蒼蠅的成員。

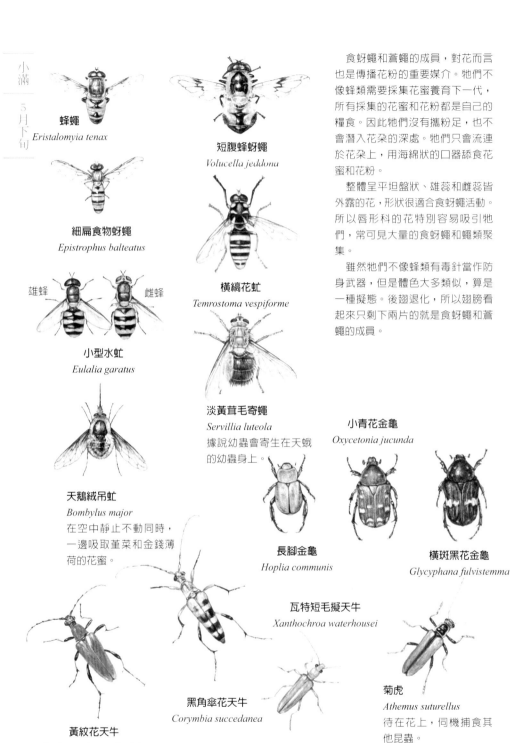

蜂蠅
Eristalomyia tenax

短腹蜂蚜蠅
Volucella jeddona

細扁食物蚜蠅
Epistrophus balteatus

雄蜂　　　雌蜂

小型水虻
Eulalia garatus

橫縞花虻
Temrostoma vespiforme

天鵝絨吊虻
Bombylus major
在空中靜止不動同時，一邊吸取菫菜和金錢薄荷的花蜜。

淡黃茸毛寄蠅
Servillia luteola
據說幼蟲會寄生在天蛾的幼蟲身上。

小青花金龜
Oxycetonia jucunda

長腳金龜
Hoplia communis

橫斑黑花金龜
Glycyphana fulvistemma

瓦特短毛擬天牛
Xanthochroa waterhousei

黑角傘花天牛
Corymbia succedanea

菊虎
Athemus suturellus
待在花上，伺機捕食其他昆蟲。

黃紋花天牛
Leptura ochraceofasciata

花潛金龜和花金龜等也是訪花昆蟲。金龜子等昆蟲直接食用花瓣。也有像菊虎這類利用訪花機會，獵食其他訪花昆蟲的昆蟲。

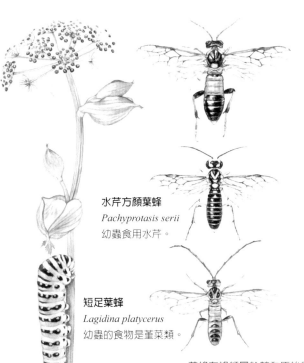

大腰赤葉蜂

Siobla ferox

幼蟲食用野鳳仙花和虎杖的葉子。背面有突起,和大紅蛺蝶的幼蟲幾乎沒有兩樣。

大腰赤葉蜂的幼蟲

水芹方顏葉蜂

Pachyprotasis serii

幼蟲食用水芹。

短足葉蜂

Lagidina platycerus

幼蟲的食物是堇菜類。

角黃黑葉蜂(*Tenthredo bipunctata malaisei*)**的幼蟲**

葉蜂的幼蟲看起來就像毛蟲,與蛾和蝶類的幼蟲非常相像。腹足的數量如果不超過 4 對,就是蛾或蝶。5 對以上的話就是葉蜂的幼蟲。

黃鳳蝶

Papilio machaon

幼蟲以紫花前胡等唇形科的植物為食。

葉蜂在蜂類屬於較為原始的族群,腰部沒有凹陷,雌蜂也沒有毒針。幼蟲長得就像毛蟲,和蛾或蝴蝶的幼蟲非常相像,以植物的葉片為主食。有些只吃特定物種的葉片,所以葉蜂的多寡可以當作當地植物相是否豐富的指標。

博學專欄　向昆蟲致謝

　　喜歡昆蟲的人,十之八九對植物也瞭若指掌。理由非常簡單。因為對種類多到不計其數的昆蟲而言,植物是他們仰賴維生的重要食糧。所以對某種昆蟲知悉甚詳的人,必定也很清楚牠與特定植物的關係。

　　但是,喜歡植物的人就難說了。昆蟲對把花視若珍寶的園藝家而言是眼中釘,因為他們會殘害寶貝花朵。相較於花兒嬌豔可愛的姿態,昆蟲顯得可憎,令人厭惡。精心呵護的玫瑰,如果淪為金龜子的盤中飧,自己的苦心就完全泡湯了。

　　這種心情讓人不難理解。但是大家只要稍微思考一下便能夠明白,不論是嬌豔欲滴的玫瑰,或者造型奇特的蘭花、香氣迷人的忍冬,另外還有耬斗菜、烏頭、石竹、浦島天南星,基本上,造型、色彩、香氣愈是能吸引人的花卉,每一種都是和昆蟲共同進化而來。換言之,如果沒有昆蟲,這個世界就不可能被妝點得如此美麗。想到這點,眾多愛花人士是否也能對昆蟲重新改觀,轉而對他們肅然起敬呢?

癭蚊(*Asphondylia baca*)**造成的蟲癭**

昆蟲寄生在植物的組織而形成的瘤狀物稱為蟲癭(gall)。寄生在植物的昆蟲種類很多,包括癭蚋、癭蜂、蚜蟲、象牙蟲等。他們各自寄生在特定的植物,形成特有形狀的癭。

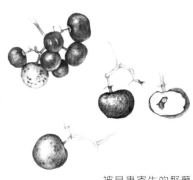

被昆蟲寄生的野葡萄,果實顏色比正常果實更美。

妝點初夏的豆科花卉

海濱山黧豆
Lathyrus japonicus
常見於海岸，另外在內陸大型河川的河道也看得到。短足葉蜂常過來吸食花蜜。

苕子
Vicia villosa ssp. *varia*
原產歐洲的歸化植物。外型和多花野豌豆相似，差異在於花的紅色部分較濃，花形也不一樣。

苕子

多花野豌豆

箭頭部分是主要的識別重點。

← 大大的托葉

五脈山黧豆
Lathyrus quinquenervius
生長在明亮的草叢，直立莖的頂部會開出幾朵深紅紫色的花。鄰接的個體以葉尖互相纏繞，讓人聯想到「連理枝」。和香豌豆同屬於黧豆屬。

多花野豌豆
Vicia cracca
淡紫色的小花呈房狀排列，在初夏讓人耳目一新。

　　海濱山黧豆盛開的土堤旁就是開滿花的刺槐樹，吸引了大批蜜蜂不斷來報到。兩者的大小幾乎相同，只有顏色不一樣，但蜜蜂對海濱山黧豆卻是興趣缺缺，完全沒有駐足停留。

　　扳開海濱山黧豆的花仔細一看，可以發現它的結構很紮實。旗瓣、翼瓣和龍骨瓣（→參照 p.74，馬棘的花圖）像榫卯一樣牢牢結合。蜜蜂們會不會覺得束手無策呢。來者是體型更大的短足葉蜂。我還曾經看過有一隻雌蜂硬是撬開還沒盛開的花呢。

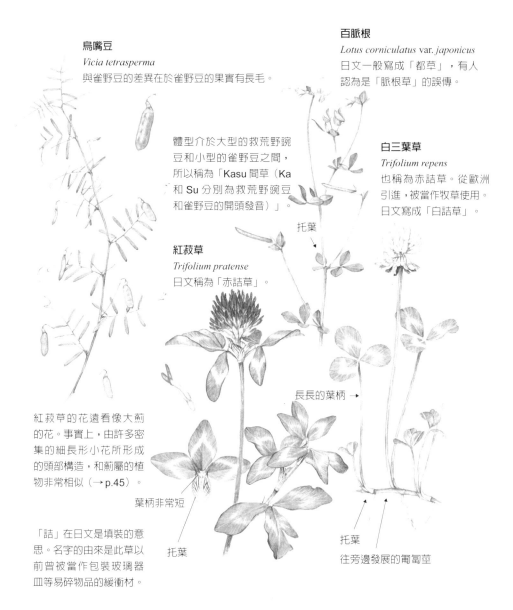

烏嘴豆

Vicia tetrasperma

與雀野豆的差異在於雀野豆的果實有長毛。

體型介於大型的救荒野豌豆和小型的雀野豆之間，所以稱為「Kasu 間草（Ka和 Su 分別為救荒野豌豆和雀野豆的開頭發音）」。

百脈根

Lotus corniculatus var. *japonicus*

日文一般寫成「都草」，有人認為是「脈根草」的誤傳。

白三葉草

Trifolium repens

也稱為赤詰草。從歐洲引進，被當作牧草使用。日文寫成「白詰草」。

托葉

紅菽草

Trifolium pratense

日文稱為「赤詰草」。

紅菽草的花遠看像大薊的花。事實上，由許多密集的細長形小花所形成的頭部構造，和薊屬的植物非常相似（→p.45）。

長長的葉柄 →

葉柄非常短

「詰」在日文是填裝的意思。名字的由來是此草以前曾被當作包裝玻璃器皿等易碎物品的緩衝材。

托葉

托葉

往旁邊發展的匍匐莖

豆科植物的葉片，有些像白三葉草、葛一樣是三片一組，也有些像海濱野豌豆的形狀。前者稱爲三出複葉，整體爲一片葉子。這三片的每一片稱爲小葉。紫雲英和濱海野豌豆等由許多細小葉片排列而成的葉片稱爲羽狀複葉，從基部到葉尖合稱爲一片葉子。

海濱野豌豆的前端小葉變化成捲鬚。葉柄的基部有「托葉」，大小和形狀因種類而異。

相對的，像蒲公英、大薊、紫花堇菜、魚腥草等從葉柄只長出一片葉子的稱爲單葉。

6月是螢火蟲的季節。以北關東而言，源氏螢在上、中旬；平家螢在中、下旬現身。

我在沒有月光、稍微有些悶熱的日子，大概是晚上8點，天色完全暗下來之後，走到螢火蟲的棲息地，等待牠們現身。等了一段時間之後，終於從寂靜的黑暗中閃過點點螢光，白中帶藍。這邊亮，那邊亮，看起來夢幻無比，十分美麗。平常在白天看慣的風景，到了晚上展現出截然不同的風貌，讓人嘆為觀止。

如果離家不遠的地方就有大樹的森林，晚上或許聽得到褐鷹鴞「呵—呵、呵—呵」的叫聲。正如其名，牠是一種當嫩芽在初夏抽出時，從南方遠渡而來的小型貓頭鷹。

從曆法看來，入梅的時間大約是6月11日，也就是進入梅雨季。這時栗子也開花了。栗子的花是淺黃色，帶著久久無法消散的濃郁香氣，吸引各種昆蟲前來，顯得熱鬧非凡。

分枝列當

Orobanche minor

寄生在紅菽草和白三葉草。原產於歐洲、北非的歸化植物。本身不進行光合作用，所以沒有葉綠素，乍看下很像已經枯萎了。

博學專欄　分時段開花的夏枯草

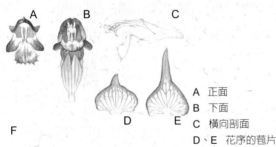

A 正面
B 下面
C 橫向剖面
D、E 花序的苞片

夏枯草的花由密生的小花聚集而成，結構看似複雜，其實拆解來看的話，不難發現其配置稱得上是井然有序。每一個節都有大苞片（D、E），背部總共長了3朵花（F）。中央的花先開花，兩側的較晚開。

1　**夏枯草** *Prunella vulgaris*〔唇形科〕
日文寫成「靫草」。是裝箭的道具。名稱的由來源自於其花序看起來像箭筒。果穗稱為「夏枯草」，可作為利尿劑。英文名稱是 self-heal，據說被當作治療喉嚨發炎的藥物。種小名 *vulgaris* 是「到處都有」的意思。

2　**白茅** *Imperata cylindrica* var. *koenigii*〔禾本科〕
日文寫成「茅草」。自古又被稱為茅花。群生的白色花穗在風中搖擺的姿態非常美麗。

3　**硬毛南芥** *Arabis hirsuta*〔十字花科〕
日文寫成「山旗竿」。它直挺挺的模樣看起來像旗竿。

4　**分枝列當** *Orobanche minor*〔列當科〕

梅雨時的野草

▶虎耳草
Saxifraga stolonifera
〔虎耳草科〕
生長在潮溼的樹蔭等
處，依靠細細的紅色
匍匐莖繁殖。好像是
古時從中國傳到日本
的植物。

▶魚腥草
Houttuynia cordata
〔三白草科〕
大小4片的花苞看起
來像花瓣。1根雌蕊
被3根雄蕊包圍而成
的多數小花，組合成
圓錐形的花序。日文
的別名是「十藥」。

附著在花莖上發芽
的繁殖體

▶珠芽景天
Sedum builbiferum
〔景天科〕
葉的基部會長珠芽，
以此繁殖。

珠芽

▶薤白（野蒜）
Allium grayi
〔石蒜科〕
花莖的前端會長出原有花之外的多數珠芽，以此繁殖。即
使開花，幾乎也都不會結果。其繁殖體（→ p.133）可供食
用，味道和地下的鱗莖一樣。

雄花群

雌花群

▼半夏

Pinellia ternata〔天南星科〕
和同屬於天南星科的細齒南
星（→ p.34）等植物不一
樣，雄花群和雌花群並存在
同一個花序之中。花序為雙
層構造，雄花群位於上層，
雌花群位於下層，上下兩層
的分隔並不完全。雌花群的
軸是半圓柱形，背面緊貼著
佛焰苞。
幼株不會開花。據說一開始
是心形，不久會長為三出複
葉（→ p.6）。葉柄的正中
央和小葉的基部會長出珠
芽。
晒乾的球莖被稱為「半
夏」，當作中藥使用。

▼試著素描到處可見的雜
草，最適合當作觀察的素
材。應該會得到不少有趣的
發現。

1 **夏田村草** *Salvia lutescens*〔唇形科〕
   淡紫色的花串成長長的花穗。花都是偏向同一個方向開。雄蕊的花絲很長,伸到花冠之外。較晚開花的鼠尾草(*S. japonica*)其花絲不會伸到外面。

2 **徐長卿** *Cynanchum paniculatum*〔夾竹桃科〕
   細瘦的莖幾乎和地面呈垂直,前端會長出花序,晚上會開出星形的花。生長在明亮的草叢。面臨絕種危機(→ p.70)。

3 **馬兜鈴** *Aristrocea debilis*〔馬兜鈴科〕
   花形非常有趣。可以生長在明亮土堤的草叢裡,但數量不多。麝香鳳蝶的食草(→ p.70)。

4 **大戟** *Euphorbia lasiocaula*〔大戟科〕
   生長在明亮的草叢和森林邊緣。

5 **小連翹** *Hypericum erectum*〔金絲桃科〕
   在河岸等處,可看到其近緣的歸化種貫葉連翹(→ p.75)。

6 **紫斑風鈴草** *Campanula punctata*〔桔梗科〕(→ p.70)。

7 **黑紋粉蝶** *Pieris melete*〔粉蝶科〕
   以葷菜、白花碎米薺、諸葛菜等十字花科的植物為食。

夏至是一年之中白天時間最長的日子，但是感覺並不明顯。姑且不論北海道一帶緯度較高的地區；緯度較低的地區，夏天與冬天的溫差不但較不明顯，而且梅雨在此時下得正旺。就連夏至當天，太陽也大多隱藏在雲層之中，也難怪我們感覺不出來了。

從春天到初夏這段時間，百花爭奇鬥豔的景象也差不多告一段落了吧。這時，最受矚目的應該是紫斑風鈴草吧。我老是想著如果在它碩大的袋狀花裡，放一隻源氏螢進去，不曉得會有多漂亮，不過至今尚停留在心動的階段。

樹木在梅雨季時開的花，不知為何大多是白色。可能是白色在翠綠的森林裡顯得更醒目吧。原本以為是花，上前靠近一看才知不是花，原來是葛棗獼猴桃的樹梢葉子。外型酷似梅花的花，從葉腋下低垂綻放。或許是為了強調自己的存在，每到開花季節，枝椏前端的嫩葉都會轉白，好像撲了粉一樣。

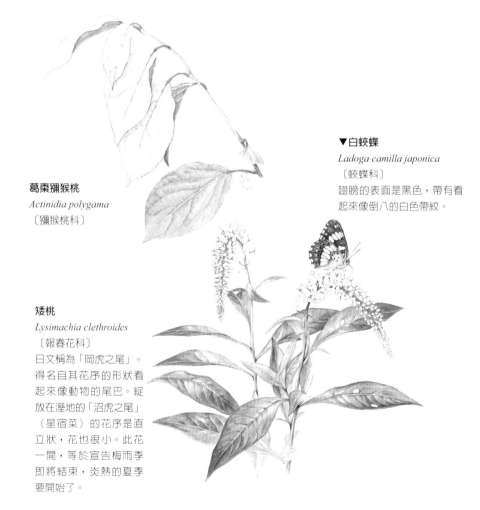

葛棗獼猴桃

Actinidia polygama

〔獼猴桃科〕

▼**白蛺蝶**

Ladoga camilla japonica

〔蛺蝶科〕

翅膀的表面是黑色，帶有看起來像倒八的白色帶紋。

矮桃

Lysimachia clethroides

〔報春花科〕

日文稱為「岡虎之尾」。得名自其花序的形狀看起來像動物的尾巴。綻放在溼地的「沼虎之尾」（星宿菜）的花序是直立狀，花也很小。此花一開，等於宣告梅雨季即將結束，炎熱的夏季要開始了。

各種奇形怪狀的花

▶徐長卿

Cynanchum paniculatum

〔夾竹桃科〕

天色暗下來之後，會開出星形的花。散發著一股汗臭味，不知究竟是想吸引何方神聖過來？

▼紫斑風鈴草

Campanula punctata

〔桔梗科〕

萼裂片之間會往上伸長，反捲的（A）稱為基準變種紫斑風鈴草，呈瘤狀鼓起的（B）稱為變種紫斑風鈴草。

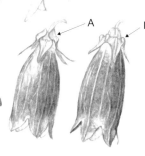

▶日本耬斗菜

Aquilegia buergeriana

〔毛茛科〕

前端尖尖的萼片和帶有長長花距的花瓣各有 5 片。花瓣為淺黃色者也稱為黃花耬斗菜。花距的前端分為有彎曲和沒有彎曲的兩種。

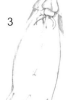

1　　2　　3　　4

◀夏田村草

Salvia lutescens〔唇形科〕

花偏向軸的某一邊綻放；仔細一看，開花的葉柄也歪向某一邊。每一朵花都朝向同樣方向。

花期是 6 ～ 7 月。雄蕊的 2 根花絲很長，往外突出。

快要開花之前，雄蕊的花藥會釋放出花粉（1），使其附著在雌蕊的花柱（2）。等到花粉被傳播殆盡（3），雌蕊的前端會裂成 3 片（4），雄蕊則已經完全枯萎。

▶馬兜鈴

Aristolocea debilis

〔馬兜鈴科〕

以花的形狀奇特聞名。麝香鳳蝶的食草。其果實的形狀讓人聯想到掛在馬脖子上的鈴鐺，但實際上見到的機會很少。

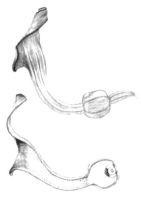

▲日本紫花鼠尾草

Salvia japonica〔唇形科〕

從夏田村草的花已經開得差不多時到秋天這段時間為開花期。雄蕊的花絲很短。

葛棗獼猴桃的葉子變白時……

除了目前使用的曆法，還有一種曆法稱為自然曆。例如「紫藤花開了小米就該播種了」、「聽到大杜鵑一啼，豆子就該播種」都屬於此類。以前的人習慣把大自然的變化當作務農的指標。然而，這樣的自然曆現在似乎只剩下文獻的記載了。我常常在農田的交界處看到有人種植的齒葉溲疏，這應該也是現在僅存的自然曆之一吧。不曉得大家有沒有聽過「葛棗獼猴桃的葉子一變白，懸鉤子的果實就成熟了」的說法？沒聽過也很正常，因為這是我剛剛才想到的。

懸鉤子和桑葚的採摘期都是在梅雨下得正旺時。不過，這裡不討論吃起來的味道如何，先來調查果實的構造吧。雖然或許有人覺得只要好吃就行了，不知道那麼多也無所謂，殊不知那可是植物的策略，如果大家都這麼想，就符合它的期望了。

草莓、蛇莓、懸鉤子的共同特徵是一朵花有許多雌蕊。雌蕊的膨脹處（稱為子房）裡面有胚珠，授粉成熟後，胚珠會發育成種子，而包裹住種子的子房會變化為果實。草莓和蛇莓的果實構造基本相同：上面有許多雌蕊的「花托」（又稱為花床）部分可以食用。果實表面的一粒粒小突起，就是雌蕊已成熟的果實。

懸鉤子則是每一個雌蕊的子房裡，都裝了一顆種子，而且會成為蓄滿酸甜汁液的袋子。每一個袋子相當於一個果實。

桑葚的果實和上述幾種不一樣。四片包圍著雌蕊的花被片因含有汁液而變得肥大。以四個花被片為一個單位，聚集了好幾十個單位的就是一串桑葚果實。懸鉤子和桑葚的果實，不論做成果醬或釀酒都很美味。一小匙小匙挖出醃漬在瓶子裡的果實仔細端詳，其實也讓人看得津津有味呢。

果實和種子

B-1　B-2

A

A　山櫻花的果實剖面
B-1　懸鉤子的果實
B-2　懸鉤子的種子

雌蕊的「子房」內部有1個或好幾個「胚珠」，授粉、成熟後發育為「種子」，整體長為「果實」。

山櫻花和懸鉤子的特徵是包圍種子的部分會長為含有大量水分的果實，蛇莓則會長為薄皮緊貼在種子外側的果實。

河川的中游有許多大大小小的石頭隨著水流不停地滾動。中游屬於較不穩定的環境，如果發生洪水就會淹水，不時也有東西或土砂從上游漂過來。但有些植物能適應這樣的環境，順利生長。如果上游蓋起了水庫，使得水流保持穩定，大幅降低洪水爆發的機率，原本生長於此的生物反而會因失去原有的環境而瀕臨絕種。

1　馬棘〔豆科〕（→ p.75）

2　鐵掃帚〔豆科〕（→ p.75）

3　百蕊草〔檀香科〕（→ p.75）

4　高雪輪〔石竹科〕（→ p.75）

5　茵陳蒿 *Artemisia capillaris*〔菊科〕
　　葉子像大波斯菊一樣呈細長的羽毛狀，很漂亮。

6　河原母子 *Anaphalis margaritacea* ssp. *yedoensis*〔菊科〕
　　細長的葉片和莖都密密麻麻長滿了白色毛。花期是秋天。它的變種──山母子生長在山地，葉片寬，顏色是綠色。

7　澤苦菜 *Ixeris tamagawaensis*〔菊科〕
　　這也是河岸特有的植物。

8　深山小灰蝶 *Lycaeides argyrognomon praeterinsularis*〔灰蝶科〕
　　幼蟲以馬棘的葉子為食。被送進螞蟻巢裡化蛹。雄蝶（a）的翅膀表面閃著藍色光芒。

一進入 7 月，螻蛄就開始鳴叫。螻蛄是待在櫻花樹等樹木的一種小型蟬類，叫聲是「くー」。松尾芭蕉所吟詠的俳句「蟬鳴入岩深」的主角就是螻蛄。

麻櫟和枹櫟的樹液，會吸引外表華麗的大紫蛺蝶造訪。念小學時，我第一次在家裡附近抓到被枹櫟的樹液吸引而來的大紫蛺蝶雄蝶。牠的翅膀是鮮豔的藍紫色。只要提到這件事，我可以馬上回憶起當時用手指抓到牠的觸感。

河岸的柳樹棲息著一種美麗的紫色蝴蝶，名為細帶閃蛺蝶。赫塞的作品《回憶少年時》，以前曾被選入日本中學生的國語教科書；除了最重要的孔雀蛾，小說中也出現了細帶閃蛺蝶的名字。我想對這部作品記憶猶新的日本人應該不在少數。

差不多是同樣時期、同樣地點，也找得到日本馬桑已經成熟的果實。它和日本鳥頭（→p.116）、毒芹（→p.96），並列為日本三大有毒植物。具備致命的毒性，絕對不可食用。

有一次我打算伸手去摘馬桑的果實，沒想到目睹了意想不到的場面。我看到黃鉤蛺蝶、細帶閃蛺蝶、白點花金龜和獨角仙等各家昆蟲，吸食了顏色像紅酒一樣的馬桑果汁後，竟然像喝醉了一樣，變得東倒西歪。如果要替它取個名字，應該用英文稱它為「Restaurant Coriaria」，還是改走日式居酒屋風，將它取名為「毒空木食堂」呢。

 劇毒

日本馬桑（毒空木）
Coriaria japonica
〔馬桑科〕
果實被肥大的花瓣包圍。果實含有劇毒，曾經有中毒致死的案例發生。

河岸的植物

旗瓣

翼瓣

龍骨瓣

昆蟲一駐足停留，
雄蕊和雌蕊就會彈
起來。

花瓣的邊緣排
列著黑點

雄蕊先成熟，
雌蕊較晚。

1　**鐵掃帚** *Lespedeza cuneata*〔豆科〕
以前被當作卜筮的道具，所以日文稱為「筮荻」。會長出閉鎖花。

2　**馬棘** *Indigofera pseudo-tinctoria*〔豆科〕
生長在明亮的草原和碎石多的河岸。日文寫成「駒繫」。熊蜂過來吸食花蜜時，龍骨瓣會裂開，一體成形的雌蕊和雄蕊便順勢彈起，讓花粉附著在熊蜂腹部。是深山小灰蝶唯一的食草。
學名 *Indigofera* 是「染成藍色」的意思。木藍（*Indigofera tinctoria*）是當作藍色染料使用的植物之一。但是生長在日本的馬棘，無法當作染料使用，所以在意味著「染色」的 *tinctoria* 前面加上意思是「假的」的 *pseudo-*。

3　**豆茶決明** *Chamaecrista nomame*〔豆科〕
日文稱為「河原決明」。和可入藥的「決明（日文也稱為惠比須草）」同屬於蘇木亞科。據說葉片和烘焙過的豆果可當作藥用茶飲。

4　**委陵菜** *Potentilla chinensis*〔薔薇科〕
根部類似於當作藥草使用的紅柴胡，所以在日文被稱為「河原柴胡」。這也是河岸特有的植物。厚實的葉片背面密密麻麻長著白色毛。

5　**百蕊草** *Thesium chinense*〔檀香科〕
生長在明亮草地的半寄生植物。雖然看起來並不起眼，但是對於依賴它過日子的黃邊椿而言是唯一仰賴的食糧。

6　**粗毛鈕扣草** *Diodia teres*〔茜草科〕
原產於北美的歸化植物。

7　**貫葉連翹** *Hypericum perforatum*〔金絲桃科〕
原產於歐洲的歸化植物。日文寫成「小米葉弟切」。

8　**高雪輪** *Silene armeria*〔石竹科〕
原產於歐洲。基於園藝用的需求而廣布世界各地。莖節下方會分泌出黏液，黏住小蟲的腳。不是食蟲植物。

弟切草（金絲桃）的傳說

　　弟切草的名字非常奇特，事實上，日本也流傳一個有關它的傳說，而且帶有幾分血腥味。傳說以前有對捕鷹的兄弟，把這種草當作治療受傷的老鷹的藥草，而且並不外傳。有一次，弟弟不小心向別人吐露這件事，於是哥哥在震怒之下斬殺了弟弟。
　　西洋把弟切草稱為 St.John's Wort（聖約翰草），據說在十字軍東征時，也用來治療士兵們的傷口。自古流傳到了夏至當天（聖約翰日）將它吊在窗戶或門口，可用來驅除惡魔的習俗。

百合

萱草屬（阿福花科）的植物，花朵長
得和百合很像，其實兩者並不是近緣種。

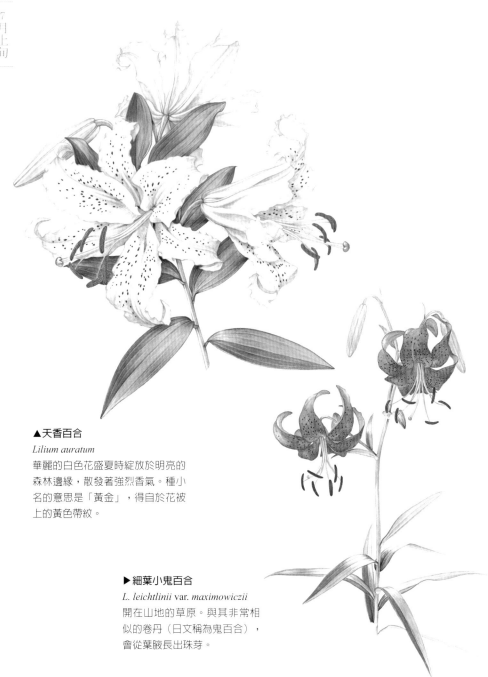

▲天香百合

Lilium auratum

華麗的白色花盛夏時綻放於明亮的
森林邊緣，散發著強烈香氣。種小
名的意思是「黃金」，得自於花被
上的黃色帶紋。

▶細葉小鬼百合

L. leichtlinii var. *maximowiczii*

開在山地的草原。與其非常相
似的卷丹（日文稱為鬼百合），
會從葉腋長出珠芽。

日本百合

L. japonicum

在明亮的草原等處開花。為日本的
固有種。花朵非常美麗。

台灣百合

L. formosanum

種小名是「台灣」的意思。原產於
台灣的歸化植物。繁殖力很旺盛，
最近幾年開始在各地都看得到。

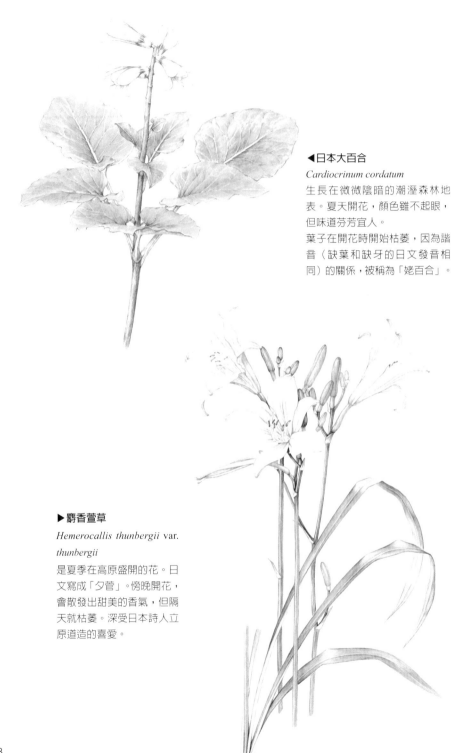

◀日本大百合

Cardiocrinum cordatum

生長在微微陰暗的潮溼森林地
表。夏天開花，顏色雖不起眼，
但味道芬芳宜人。

葉子在開花時開始枯萎，因為諧
音（缺葉和缺牙的日文發音相
同）的關係，被稱為「姥百合」。

▶麝香萱草

Hemerocallis thunbergii var.
thunbergii

是夏季在高原盛開的花。日
文寫成「夕菅」。傍晚開花，
會散發出甜美的香氣，但隔
天就枯萎。深受日本詩人立
原道造的喜愛。

◀重瓣萱草

Hemerocallis fulva var. *kwanso*
花蕾被稱為「金針菜」，可當作中菜的食材。口感清脆，吃起來很美味，但略帶澀味，最好不要生食。

▶野萱草

Hemerocallis fulva var. *longituba*
重瓣萱草和野萱草都會在人煙聚集的田畦和土堤等處開花。野萱草是單瓣花，會結果；重瓣萱草是重瓣花，不會結果。好像是來自中國的史前歸化植物（→ p.114）。萱草科的植物都是開花一天就枯萎，所以英文稱為 Day Lily。

▲北萱草

Hemerocallis middendorffii
var. *esculenta*
日文又稱為「日光黃菅」和「禪庭花」。

▶綬草

Sprathus sinensis

〔蘭科〕

生長在草坪和河岸的草叢等
處。小小的花呈螺旋狀排列。
日文的別名是「綟摺」。

▲酢漿草

Oxalis corniculata 〔酢漿草科〕

原產於南美的紫花酢漿草也成為各處
可見的野生植物。酢漿草是大和小灰
蝶的食草。

▲爵床

Justicia procumbens var.
leucantha 〔爵床科〕

日文的漢字寫成「狐之
孫」。在路旁很常見。

▼中日老鸛草

Geranium thumbergii

〔牻牛兒苗科〕

▲車前草

Plantago asiatica

〔車前草科〕

生長在人不容易踩踏和其他植物無法
生長的路面和庭園。日文寫成「大葉
子」。

被視為腹瀉的特效藥,日文稱
之為「現之證據」。花也有粉
紅色。

關於天氣，日本流傳著「梅雨季過後會有十天晴朗好天氣」的說法。最近幾年，梅雨結束得愈來愈不乾脆；大抵而言，到了每年的這個時候都已經進入炎熱的盛夏。搶先迫不及待展開大合唱的是油蟬，接著，鳴鳴蟬也加入大鳴大放的行列。

絢麗燦爛的天香百合已在森林邊緣的草叢裡盛開。黑鳳蝶正在吸食花蜜，牠的翅膀背面被花粉染成橘紅一片。喜歡蕈菇類的人如果在這個時候造訪灌木林，也會找到花柄橙紅鵝膏菌，應該很開心吧。

避開白天的酷熱，利用晚上到灌木林探險，也是這個季節的樂趣之一。為了麻櫟和枹櫟前來的不只有獨角仙和鍬形蟲。第一次看到白光裳夜蛾這種夜蛾時，不禁懾服於牠巨大的體型和美麗的外表。此外，還有柳裳夜蛾、葡萄天蛾等大型天蛾、大型的栗山天牛。不過，最讓我驚訝的是，竟然連日本最大最美的豔色褐紋石蛾，也為了枹櫟的樹液現身。

豔色褐紋石蛾
Eubasilissa regina
〔石蛾科〕
這種石蛾好像是夜行性。幼蟲棲息在水中。

黑金龜
Holotrichia kiotoensis
〔金龜子科〕
以櫻花樹、梅樹、鬼核桃等樹木的葉子為食。屬於夜行型，也會朝有燈火的地方飛去。

豔金龜
Mimela splendens
〔金龜子科〕
常見於田畦和水路旁邊的球子蕨等地方。上翅是深綠色，閃耀著強烈的光芒。

油桐綠麗金龜
Anomala multistriata
〔金龜子科〕
閃著黃綠色的光澤，很漂亮。以橙樹的葉子為食。

吹粉金龜
Melolontha japonica
〔金龜子科〕
在日本產的金龜子中屬於體型較大的類型。長有淡褐灰色的毛，看起來像灑了一層粉。以鬼胡桃和燈台樹的葉子為食。

銅金龜
Anomala cuprea
〔金龜子科〕
得名自其古銅色的體色。會朝向有燈火的方向飛去。

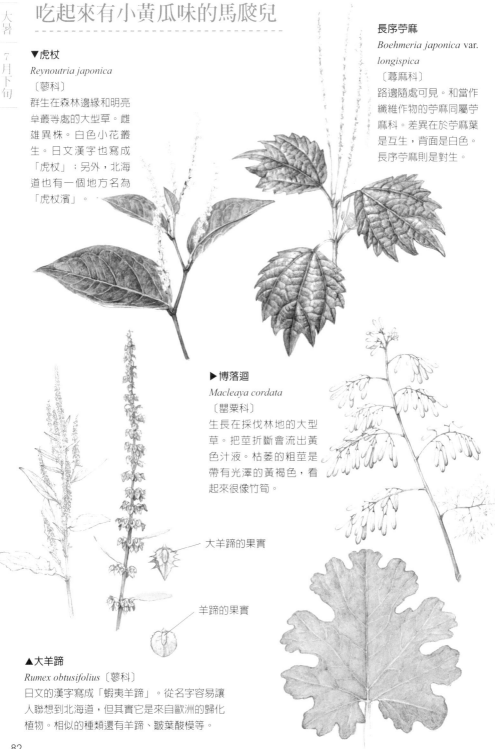

吃起來有小黃瓜味的馬庭兒

▼虎杖

Reynoutria japonica

〔蓼科〕

群生在森林邊緣和明亮草叢等處的大型草。雌雄異株。白色小花叢生。日文漢字也寫成「虎杖」；另外，北海道也有一個地方名為「虎杖濱」。

長序苧麻

Boehmeria japonica var. *longispica*

〔蕁麻科〕

路邊隨處可見。和當作纖維作物的苧麻同屬苧麻科。差異在於苧麻葉是互生，背面是白色。長序苧麻則是對生。

▶博落迴

Macleaya cordata

〔罌粟科〕

生長在採伐林地的大型草。把莖折斷會流出黃色汁液。枯萎的粗莖是帶有光澤的黃褐色，看起來很像竹筍。

大羊蹄的果實

羊蹄的果實

▲大羊蹄

Rumex obtusifolius 〔蓼科〕

日文的漢字寫成「蝦夷羊蹄」。從名字容易讓人聯想到北海道，但其實它是來自歐洲的歸化植物。相似的種類還有羊蹄、皺葉酸模等。

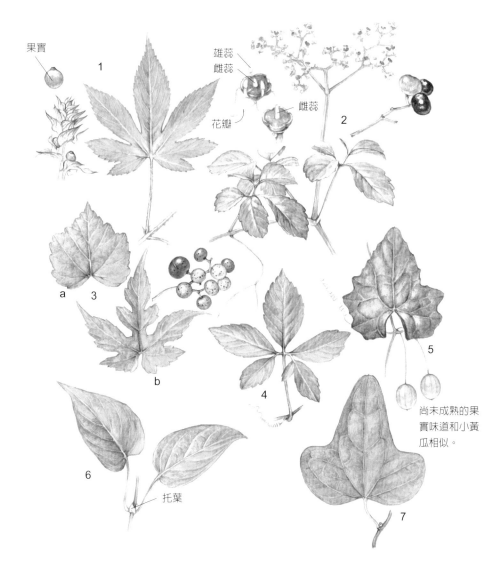

果實

1

雄蕊
雌蕊

雌蕊

花瓣

2

a 3

b

4

5

6

托葉

7

尚未成熟的果
實味道和小黃
瓜相似。

各種形成茂密草叢的蔓藤類。各位是否能靠葉子的形狀辨別呢？

1　**葎草** *Humulus japonicus*〔桑科〕
　　莖和葉梗長有朝下的刺，容易勾住東西。黃鉤蛺蝶的食草。

2　**虎葛** *Cayratia japonica*〔葡萄科〕
　　開花後，花瓣和雄蕊隨即脫落，雌蕊會伸長。花盤會從橘色轉變為淺紅色。

3　**異葉山葡萄** *Ampelopsis glandulosa* var. *heterophylla*〔葡萄科〕
　　果實的顏色很美，但無法食用。大多會成為蟲癭（→ p.61）。

4　**絞股藍**（→ p.129）　　5　**馬㼎兒**（→ p.127）

6　**雞屎藤**（→ p.85）　　7　**木防己**（→ p.129）

▶日本薯蕷

Dioscorea japonica〔薯蕷科〕
雌雄異株。藤蔓是右旋。日本薯蕷的
雄花花序是直挺挺的，雌花的花序則
是往下垂。花莖的葉片是對生葉。外
型非常相似的山萆薢（→ p.133）是
互生葉，蔓藤是左旋。

 右旋和左旋

　　有很多藤蔓植物的莖會呈螺旋狀蜷曲，或者纏繞在
其他植物上。每一種植物的旋轉方式幾乎都是固定的，但
是究竟為左旋或右旋，會跟著看的方向而變，比較容易混
淆。這裡為各位介紹的分辨方法是從朝著根部伸長的方向
看過去時，如果往右邊旋轉就是右旋，往左的話就是左
旋。

左旋　　右旋

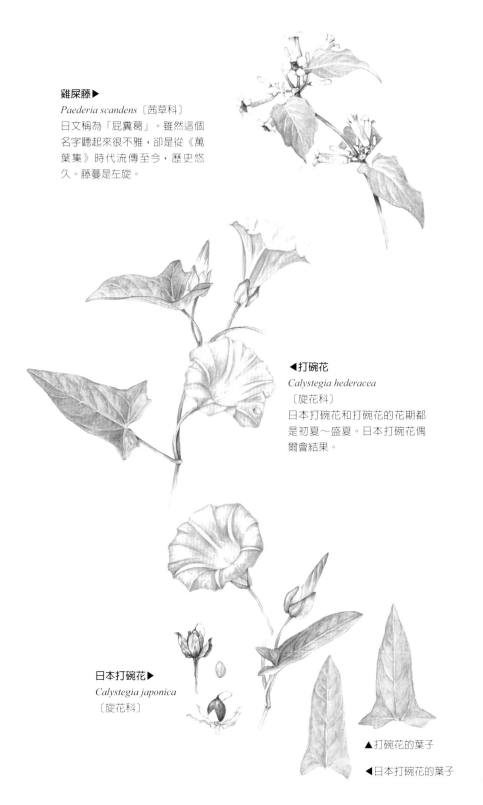

雞屎藤▶

Paederia scandens〔茜草科〕

日文稱為「屁糞葛」。雖然這個
名字聽起來很不雅，卻是從《萬
葉集》時代流傳至今，歷史悠
久。藤蔓是左旋。

◀打碗花

Calystegia hederacea

〔旋花科〕

日本打碗花和打碗花的花期都
是初夏～盛夏。日本打碗花偶
爾會結果。

日本打碗花▶

Calystegia japonica

〔旋花科〕

▲打碗花的葉子

◀日本打碗花的葉子

圓錐鐵線蓮▶

Clematis terniflora

〔毛茛科〕

日文寫成「仙人草」。圓錐鐵線蓮
和女萎的白色花瓣狀物都是萼片，
並不是花瓣。會開出許多密集的白
色小花，在花叢中頗引人注目。

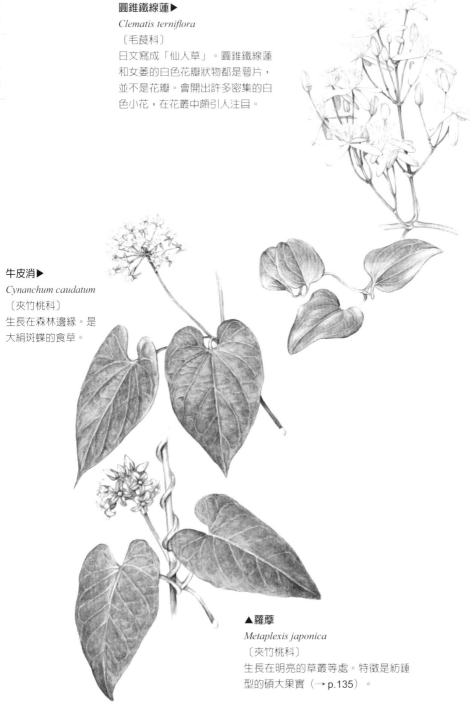

牛皮消▶

Cynanchum caudatum

〔夾竹桃科〕

生長在森林邊緣。是
大絹斑蝶的食草。

▲蘿藦

Metaplexis japonica

〔夾竹桃科〕

生長在明亮的草叢等處。特徵是紡錘
型的碩大果實（→ p.135）。

女蔿▶
Clematis apiifolia
〔毛茛科〕
花比圓錐鐵線蓮的小，
葉子的形狀也不一樣。

日本菟絲子▶
Cuscuta japonica
〔旋花科〕

纏繞在葛的莖（綠
色）上，以類似吸盤
之物吸附在上面。

▲平原菟絲子
Cuscuta campestris
〔旋花科〕
原產於北美。莖的模樣像黃色麵線，寄生在白三
葉草等植物。日本原生種的日本菟絲子莖部比較
粗，寄生在葛等植物。

鴨跖草的花

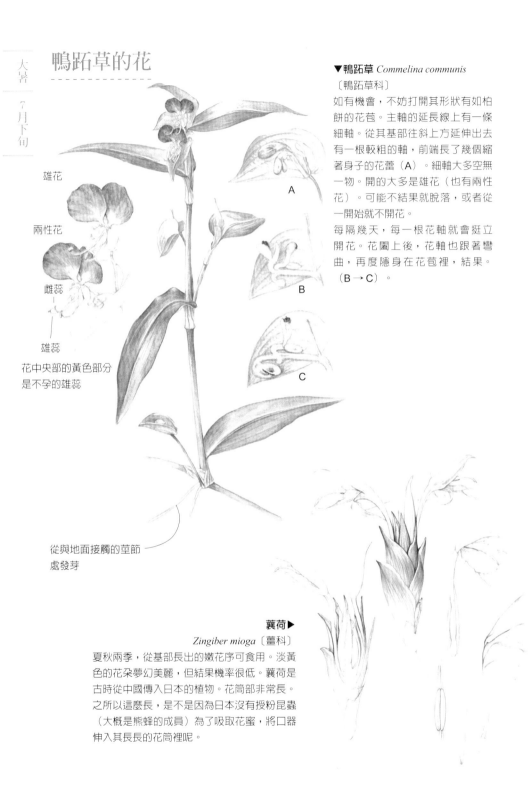

雄花

兩性花

雌蕊

雄蕊

花中央部的黃色部分
是不孕的雄蕊

從與地面接觸的莖節
處發芽

A

B

C

▼鴨跖草 *Commelina communis*
〔鴨跖草科〕

如有機會，不妨打開其形狀有如柏餅的花苞。主軸的延長線上有一條細軸。從其基部往斜上方延伸出去有一根較粗的軸，前端長了幾個縮著身子的花蕾（A）。細軸大多空無一物。開的大多是雄花（也有兩性花）。可能不結果就脫落，或者從一開始就不開花。

每隔幾天，每一根花軸就會挺立開花。花闔上後，花軸也跟著彎曲，再度隱身在花苞裡，結果。（B→C）。

襄荷▶

Zingiber mioga〔薑科〕

夏秋兩季，從基部長出的嫩花序可食用。淡黃色的花朵夢幻美麗，但結果機率很低。襄荷是古時從中國傳入日本的植物。花筒部非常長。之所以這麼長，是不是因為日本沒有授粉昆蟲（大概是熊蜂的成員）為了吸取花蜜，將口器伸入其長長的花筒裡呢。

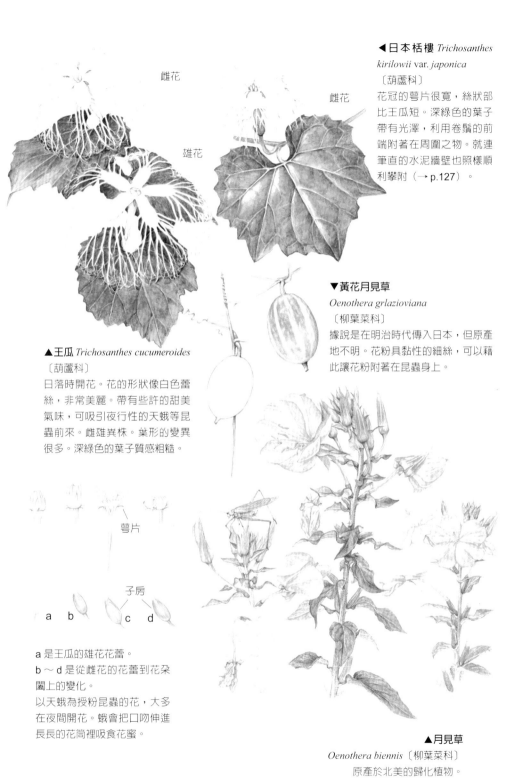

雌花

雌花

雄花

◀日本栝樓 *Trichosanthes kirilowii* var. *japonica*
〔葫蘆科〕
花冠的萼片很寬，絲狀部
比王瓜短。深綠色的葉子
帶有光澤，利用卷鬚的前
端附著在周圍之物。就連
筆直的水泥牆壁也照樣順
利攀附（→ p.127）。

▼黃花月見草
Oenothera grlazioviana
〔柳葉菜科〕
據說是在明治時代傳入日本，但原產
地不明。花粉具黏性的細絲，可以藉
此讓花粉附著在昆蟲身上。

▲王瓜 *Trichosanthes cucumeroides*
〔葫蘆科〕
日落時開花。花的形狀像白色蕾
絲，非常美麗。帶有些許的甜美
氣味，可吸引夜行性的天蛾等昆
蟲前來。雌雄異株。葉形的變異
很多。深綠色的葉子質感粗糙。

萼片

子房

a   b   c   d

a 是王瓜的雄花花蕾。
b ～ d 是從雌花的花蕾到花朵
闔上的變化。
以天蛾為授粉昆蟲的花，大多
在夜間開花。蛾會把口吻伸進
長長的花筒裡吸食花蜜。

▲月見草
Oenothera biennis〔柳葉菜科〕
原產於北美的歸化植物。

開始聽得到凱納奧蟋的鳴叫聲

1　**臭節草** *Boehnninghausenia albiflora*〔芸香科〕
　　日文寫成「松風草」，據說是「松枝草」的音誤。散發著特有的香味。

2　**金線草** *Persicaria filiformis*〔蓼科〕
　　生長在森林邊緣等稍微潮溼的樹蔭下。日文寫成「水引（日本傳統的繩結飾物）」，得名自其花序的形狀。

3　**龍牙草** *Agrimonia pilosa*〔薔薇科〕
　　細長的花序會開出黃色小花，所以日文稱之為「金水引」。

4　**野毛扁豆**（→ p.111）

5　**山路油點草** *Trycyrtis affinis*〔百合科〕
　　日文寫成「山路杜鵑草」。得名自其花被片的斑紋模樣很像杜鵑鳥胸前的花紋。

這天是農曆七夕。以國曆來看，梅雨還下得正旺，很難看得到星星。英仙座流星雨也差不多在這時出現。有次我在北海道大雪山黑岳的石室附近，看到了滿天星斗，場面非常壯觀。

這個時期也看得到王瓜開花。它的花是優雅的白色花朵。奇妙的是，它只有在日落開花，到了隔天早上，又好像什麼事都沒發生一樣，花瓣依舊緊閉。有如蕾絲的白色花朵成群綻放，看起來如夢似幻，非常美麗。很棒的一點是還散發著隱約的清香。

日本似織螽接替白天的布氏螻螽，晚間在草叢裡時不時地鳴叫。如果打開窗子，就會聽到凱納奧蟋也加入合奏。凱納奧蟋是一種小型蟋蟀，叫聲是「くくく」，聽起來節奏輕快。除了棲息在庭園，牠也是路上常見的昆蟲。讓人感覺秋天的腳步已接近時，應該就是聽到寒蟬的叫聲吧。和油蟬與鳴鳴蟬相比，牠的音色明顯豐富許多，音域也更廣，再加上節奏巧妙，簡直堪稱美妙的音樂。每一年的情況都不一樣，久的話，甚至到 10 月中旬都聽得到牠的叫聲。

布氏螻螽 *Gampsocleis buergeri*〔螽斯科〕（上）和 日本似織螽 *Hexacenterus japonicus*〔螽斯科〕（下）

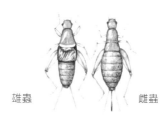

雄蟲　　　　雌蟲

▲凱納奧蟋

Ornebius kanetataki〔蟋蟀科〕
雄性個體的翅膀較短，雌性沒有翅膀。

◀金鈴子

Paratrigonidium bifasiatum
〔蟋蟀科〕
這是立原道造的作品 ——
「夢想總是故意造訪山腳下的荒村
風兒吹拂著金線草
草雲雀的叫聲不絕於耳
在午後靜得發悶的林間」
詩中所提到的「草雲雀」，就是金鈴子這種小型蟋蟀。叫聲是「Firiririr」，聽起來很輕盈。

血紅石蒜

◀**血紅石蒜**

Lycoris sanguinea

〔石蒜科〕

和石蒜是近緣種，也是日本的原
生種。在春天伸展的葉片到了夏
天會消失，只有花莖伸長，開出
鮮豔的紅花。秋天結果。
名字的起源來自於其細長的葉子
（→ p.15）看起來很像剃刀。種
小名 *sanguinea* 是「像血一般殷
紅」的意思。

▲**女婁菜剪秋羅**

Lychnis miqueliana

〔石竹科〕

於山地的邊緣等處開花。
橘紅色的碩大花朵非常醒
目。莖節呈暗紫褐色，所
以日文稱為「節黑仙翁」。

▶**杜若** *Pollia japonica*

〔鴨跖草科〕

在潮溼的樹蔭下長得很茂密。
日文寫成「藪」，和可食用的蘘荷是
完全不同的另一種植物。仔細一瞧其
楚楚可憐的白花，確實和鴨跖草有
共通之處。莖和葉的質感粗糙這一
點，是它與蘘荷的差異。靛色的果實
（→ p.136）也很漂亮。

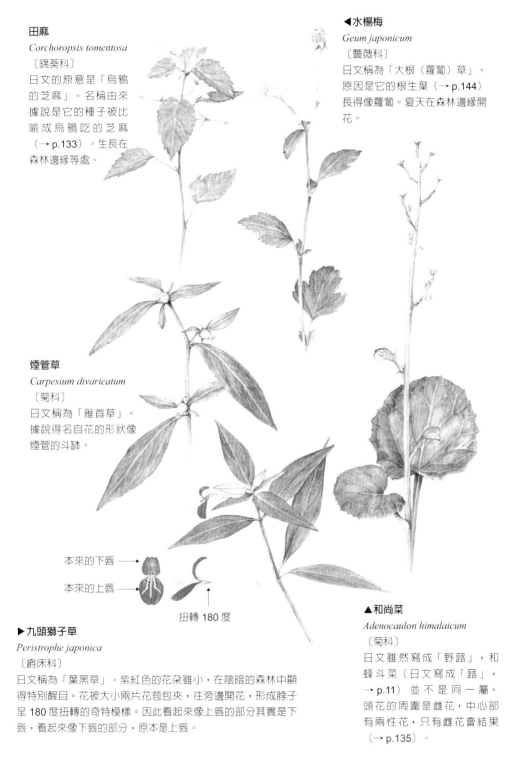

田麻

Corchoropsis tomentosa
〔錦葵科〕
日文的原意是「烏鴉的芝麻」。名稱由來據說是它的種子被比喻成烏鴉吃的芝麻（→ p.133）。生長在森林邊緣等處。

◀水楊梅

Geum japonicum
〔薔薇科〕
日文稱為「大根（蘿蔔）草」。原因是它的根生葉（→ p.144）長得像蘿蔔。夏天在森林邊緣開花。

煙管草

Carpesium divaricatum
〔菊科〕
日文稱為「雁首草」。據說得名自花的形狀像煙管的斗缽。

本來的下唇 ⟶
本來的上唇 ⟶
扭轉 180 度

▶九頭獅子草

Peristrophe japonica
〔爵床科〕
日文稱為「葉黑草」。紫紅色的花朵雖小，在陰暗的森林中顯得特別醒目。花被大小兩片花苞包夾，往旁邊開花，形成脖子呈 180 度扭轉的奇特模樣。因此看起來像上唇的部分其實是下唇，看起來像下唇的部分，原本是上唇。

▲和尚菜

Adenocaulon himalaicum
〔菊科〕
日文雖然寫成「野蕗」，和蜂斗菜（日文寫成「蕗」，→ p.11）並不是同一屬。頭花的周圍是雌花，中心部有兩性花，只有雌花會結果（→ p.135）。

溼地的植物

溼地裡生長了某些特定的植物。千屈菜和星宿草等植物時常會形成龐大的群落；當群花盛開時，將大地點綴得美不勝收。

1　**星宿草** *Lysimachia fortunei*〔報春花科〕
直立的莖前端會開出白色花穗。生長在森林邊緣草叢的矮桃，體型較大，花也開得很多。花序是彎曲狀。

2　**光千屈菜** *Lythrum anceps*〔千屈菜科〕
日文寫成「襖荻」，據說是音誤。因為它長得像用於「襖楔」用的荻草。到了中元節，它會在溼地和休耕田開花。

3　**白邊玉簪** *Hosta sieboldii*〔天門冬科〕
生長在溼地和稍微潮溼的明亮森林邊緣等處。日文寫成「小葉擬寶珠」。擬寶珠是裝設在寺廟神社和橋樑的裝飾品；據說得名自其花序前端的形狀像擬寶珠。食用山菜「Urui」即是本種的嫩芽。

4　**水金鳳** *Impatiens nolitangere*〔鳳仙花科〕
在溼地和小河旁開花。常吸引熊蜂前來吸蜜。

|圓葉茅膏菜開花的地方|

　　圓葉茅膏菜是食蟲植物，生長在缺乏養分的環境。天氣過於寒冷，以致植物枯死也不會被分解的地方；即使是低地，也有營養貧乏的酸性水得以滋潤的溼地，就是圓葉茅膏菜的棲息環境。

5　**圓葉茅膏菜** *Drosera rotundifolia*〔茅膏菜科〕
葉片呈湯匙狀，上面長滿了密密麻麻的腺毛。腺毛會分泌黏液來捕捉昆蟲。

6　**兩裂狸藻** *Utricularia bifida*〔狸藻科〕
別名「挖耳草」。原因是果實的形狀看起來像耳扒。

7　**短梗挖耳草** *Utricularia racemosa*〔蜻蜓科〕
狸藻屬食蟲植物的地下莖有一個用來捕捉小蟲的袋子。

8　**八丁蜻蜓** *Nannophya pygmaea*〔蜻蜓科〕
日本最小的蜻蜓，棲息在明亮的溼地。

9　**青紋細蟌** *Ischnura senegalensis*〔細蟌科〕
棲息在位於平地、水草多的池塘。圖中是尚未發育成熟的雌蜻蜓。

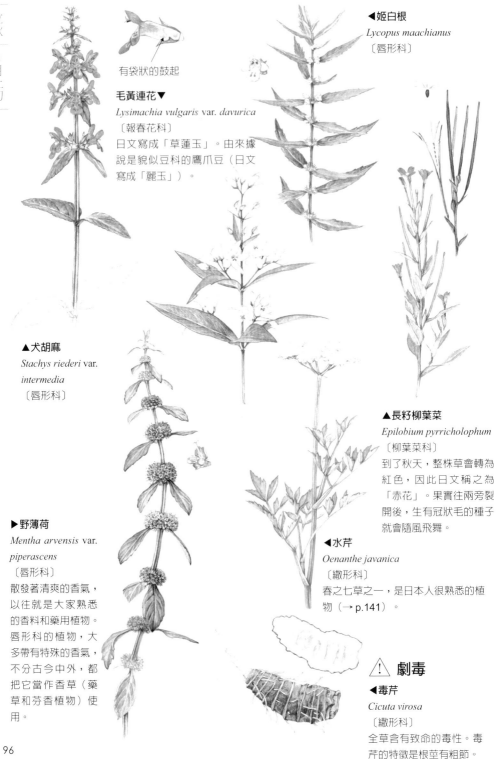

有袋狀的鼓起

毛黃連花▼
Lysimachia vulgaris var. *davurica*
〔報春花科〕
日文寫成「草蓮玉」。由來據
說是貌似豆科的鷹爪豆（日文
寫成「麗玉」）。

◀姬白根
Lycopus maachianus
〔唇形科〕

▲犬胡麻
Stachys riederi var.
intermedia
〔唇形科〕

▶野薄荷
Mentha arvensis var.
piperascens
〔唇形科〕
散發著清爽的香氣，
以往就是大家熟悉
的香料和藥用植物。
唇形科的植物，大
多帶有特殊的香氣，
不分古今中外，都
把它當作香草（藥
草和芬香植物）使
用。

▲長籽柳葉菜
Epilobium pyrricholophum
〔柳葉菜科〕
到了秋天，整株草會轉為
紅色，因此日文稱之為
「赤花」。果實往兩旁裂
開後，生有冠狀毛的種子
就會隨風飛舞。

◀水芹
Oenanthe javanica
〔繖形科〕
春之七草之一，是日本人很熟悉的植
物（→ p.141）。

⚠ **劇毒**

◀毒芹
Cicuta virosa
〔繖形科〕
全草含有致命的毒性。毒
芹的特徵是根莖有粗節。

96

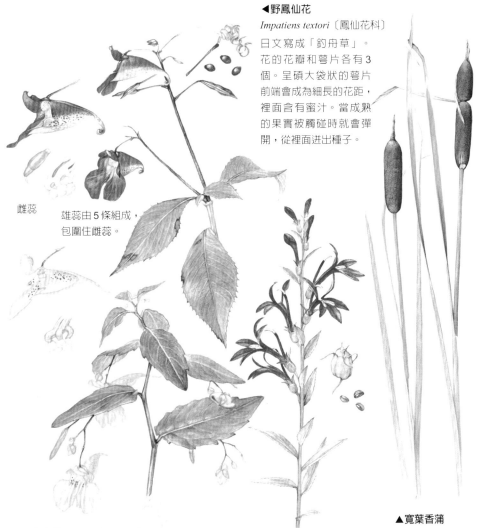

▲寬葉香蒲
Typha latifolia
〔香蒲科〕
果實請參照 p.135。

◀野鳳仙花
Impatiens textori〔鳳仙花科〕
日文寫成「釣舟草」。
花的花瓣和萼片各有3
個。呈碩大袋狀的萼片
前端會成為細長的花距，
裡面含有蜜汁。當成熟
的果實被觸碰時就會彈
開，從裡面迸出種子。

雌蕊

雄蕊由 5 條組成，
包圍住雌蕊。

▲水金鳳
Impatiens nolitangere
〔鳳仙花科〕
屬名 *Impatiens* 是「性急」的意思。種小名
nolitangere 是「不要觸碰」的意思。拉丁文的
文法書裡曾出現 noli me tangere（不要碰我）
的例句。

▲山梗菜
Lobelia sessilifolia
〔桔梗科〕
雄蕊和雌蕊合體為細長的棒狀物，前
端的花藥（裝有花粉的袋子）和柱頭
（雌蕊前端）負責等待昆蟲帶來花
粉。

　　野薄荷和姬白根生長的溼地，隨著開發等因素逐漸大幅縮水。這些植物是許多
大型金花蟲賴以為生的食糧，例如薄荷金花蟲的食草是野薄荷；地筍和姬白根是大
琉璃金花蟲的食草。我曾在休耕田等處看到所剩無幾的野薄荷，但想到要供給許多
仰賴它存活的昆蟲，實在是僧多粥少啊。

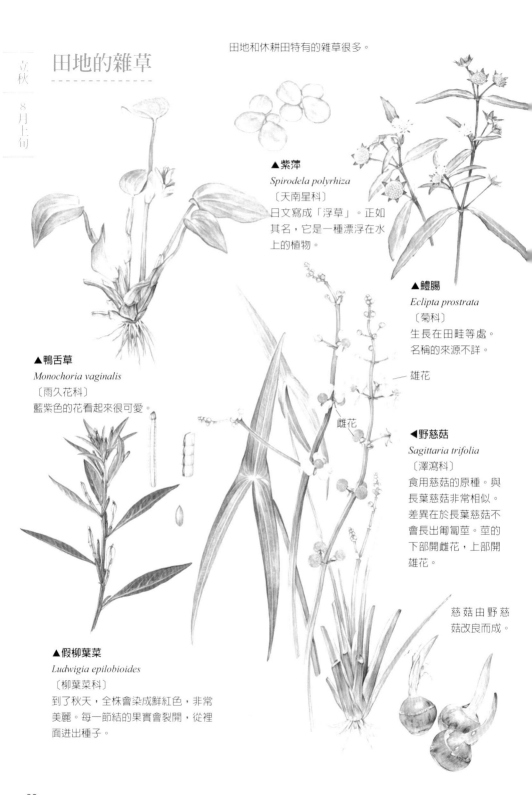

田地的雜草

田地和休耕田特有的雜草很多。

▲紫萍
Spirodela polyrhiza
〔天南星科〕
日文寫成「浮草」。正如
其名，它是一種漂浮在水
上的植物。

▲鱧腸
Eclipta prostrata
〔菊科〕
生長在田畦等處。
名稱的來源不詳。

雄花

雌花

▲鴨舌草
Monochoria vaginalis
〔雨久花科〕
藍紫色的花看起來很可愛。

◀野慈菇
Sagittaria trifolia
〔澤瀉科〕
食用慈菇的原種。與
長葉慈菇非常相似。
差異在於長葉慈菇不
會長出匍匐莖。莖的
下部開雌花，上部開
雄花。

慈菇由野慈
菇改良而成。

▲假柳葉菜
Ludwigia epilobioides
〔柳葉菜科〕
到了秋天，全株會染成鮮紅色，非常
美麗。每一節結的果實會裂開，從裡
面进出種子。

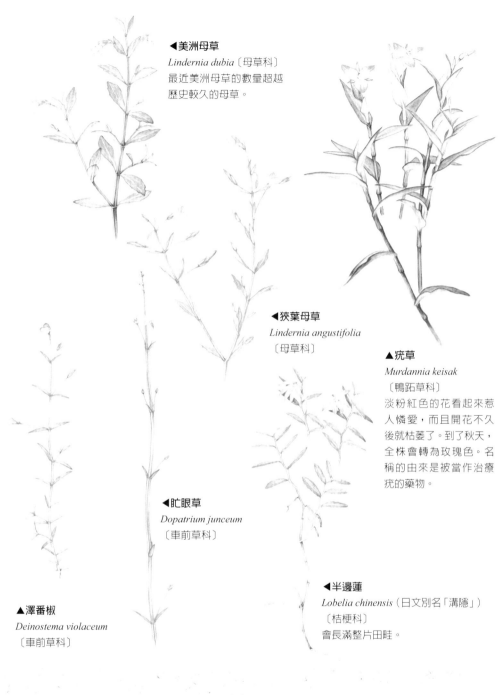

◀美洲母草
Lindernia dubia〔母草科〕
最近美洲母草的數量超越
歷史較久的母草。

◀狹葉母草
Lindernia angustifolia
〔母草科〕

▲疣草
Murdannia keisak
〔鴨跖草科〕
淡粉紅色的花看起來惹
人憐愛，而且開花不久
後就枯萎了。到了秋天，
全株會轉為玫瑰色。名
稱的由來是被當作治療
疣的藥物。

◀盯眼草
Dopatrium junceum
〔車前草科〕

▲澤番椒
Deinostema violaceum
〔車前草科〕

◀半邊蓮
Lobelia chinensis（日文別名「溝隱」）
〔桔梗科〕
會長滿整片田畦。

博學
專欄

雜草的策略

美洲母草、狹葉母草、澤番椒和盯眼草都是一年生。
這是生活在不穩定環境下的雜草們，為了使其生命歷程完整的策略。
從「溝」、「澤」等用字，也反映出這些雜草們的生長環境。

池塘和沼澤的植物

生活在池塘和沼澤、小河、水道等水中的植物，分為莖葉從水中抽到半空中的挺水性植物，和葉子浮在水面上的浮葉性植物；另外，沉入水中的是沉水性植物，漂浮在水面上的是漂浮性植物。

1 莕菜

Nymphoides peltata 〔睡菜科〕
和睡蓮相似，圓葉會漂浮在水面上（a），並從岸邊的泥土中長出形狀適應陸地生活的葉子（b）。已瀕臨絕種。

2 長柄實粟

Sparganium japonicum 〔香蒲科〕
長葉隨著流水沉沒；莖到了花期會挺立於空中，開花。枝的下部開雌花，上部開雄花。

3　異匙葉藻

Potamogeton distinctus

〔眼子菜科〕

生長在儲水池和水道。從可能會有螞蟥棲息的地方長出來。

4　水車前草

Ottelia alismoides

〔水鱉科〕

葉子和車前草相似的沉水植物。浮在水面上的淺粉色花看起來很可愛。

5　梅花藻

Ranunculus nipponicus var. *submersus*

〔毛茛科〕

生長在淺淺的清流等處，花朵是 5 瓣的白花。有許多細小分枝的葉子會沉入水中。屬於毛茛科的一員，在春天的土堤開花。

6　水王孫

Hydrilla verticillata

〔水鱉科〕

生長在池塘、沼澤、水道等水中的沉水植物。成熟的白色雄花漂浮在水面上，雌花則隨波逐流。

7　日本狸藻

Utricularia vulgaris var. *japonica*

〔狸藻科〕

浮游在水中的食蟲植物。葉子有袋狀的捕蟲囊。

1　山白蘭（→ p.104）
2　野紺菊（→ p.105）
3　黃瓜菜 *Youngia denticulata*〔菊科〕
生長在日照充足的森林邊緣和崖邊等處。日文寫成藥師草。名稱的由來是根生葉的形狀看似藥師如來的光背。

田畦的柚香菊開花了，森林邊緣的東風菜也結了花苞。秋意愈來愈濃了。

　　澤瀉的白花混雜在水田的稻穗中，不時可見。雖然是人見人厭的雜草，還是挺有可觀之處。疣草、鴨舌草等常見於田地和休耕田地的雜草，若是從近處仔細觀察，實在覺得有趣討喜。

　　路旁的草叢裡，爵床（→ p.80）也陸續開出粉紅色的小花。雖然看起來只是平凡無奇的雜草，爲何會成爲各種昆蟲的蜜源呢。除了蝴蝶是常客，熊蜂也時常造訪。

　　當夜幕降臨，梨蟋就開始在行道樹大鳴大放。牠是來自中國的歸化昆蟲，以前是都市的昆蟲，但現在郊外的灌木林也有。當黃臉油葫蘆開始鳴叫，一股「秋天眞的到了」的惆悵不禁讓人油然而生。

到了這個季節，時常可以聽到蟲鳴，種類很多。要正確分辨出每一種昆蟲的種類，需要花點時間辨識，不過，這種「聽聲辨蟲」的過程也挺有趣的呢。

◀梨蟋

Calyptotrypus hibinonis〔蟋蟀科〕

身體呈稍微扁平的紡錘形。如果我說牠看起來就像腳短的綠色蟑螂，可能會被牠抗議吧。當牠棲身在樹上時，容易和葉色混淆，很難被找到。

▼黃臉油葫蘆

Teleogryllus emma
〔蟋蟀科〕

牠的音色像鈴聲般優美，叫聲是「摳嘍摳嘍哩」。我認為牠是昆蟲界的歌王。

▲長瓣樹蟋

Oecanthus longicauda

牠隱身在葛和艾草的草叢裡，發出「嚕嚕嚕嚕……」的叫聲。或許是牠的叫聲聽起來沉穩、氣氛十足，大受歡迎的程度簡直可以舉辦「長瓣樹蟋獨唱會」了。

◀深山茜

Sympetrum pedemontanum elatum
〔蜻蜓科〕

赤蜻的成員也是秋天的昆蟲。其中以秋紅蜻蜓和仲夏蜻蜓最具代表性，不過體型稍大、翅膀前端有暗褐色花紋的褐頂赤蜻，數量也不少。

深山茜的體型和仲夏蜻蜓差不多，翅膀前端的偏內側帶有茶色花紋，很容易和他種分辨。另外還有焰紅蜻蜓、孔凱蜻蜓、姬赤蜻等種類。

◀御谷（金色狗尾草）

Setaria glauca
〔禾本科〕

穗的剛毛閃著金黃色光芒，非常美麗。

初夏的菊科植物

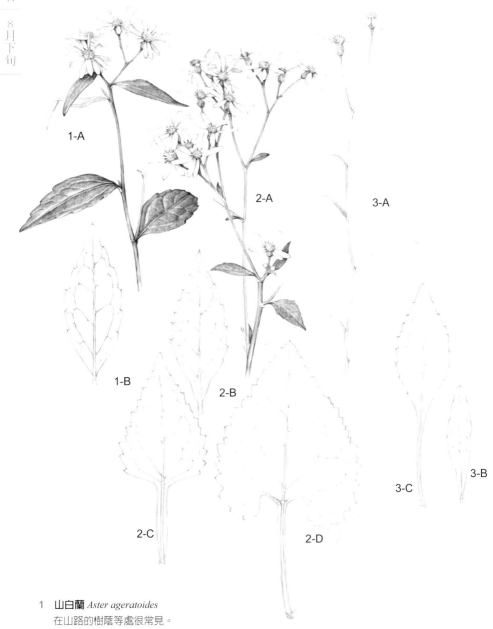

1-A

2-A

3-A

1-B

2-B

3-A

2-C

2-D

3-C

3-B

1　山白蘭 *Aster ageratoides*
在山路的樹蔭等處很常見。

2　東風菜 *A. scaber*
舌狀花只有少少的 5 ～ 8 個，感覺有些單薄。生長在光線充足的森林邊緣和草叢，高可及人。莖的上部（B）、中部（C）、下部（D）葉形不同。根生葉（D）會長成大型的心形葉。

3　澤白菊 *A. rugulosus*
生長在溼地。葉片細長，整體感覺很纖細。

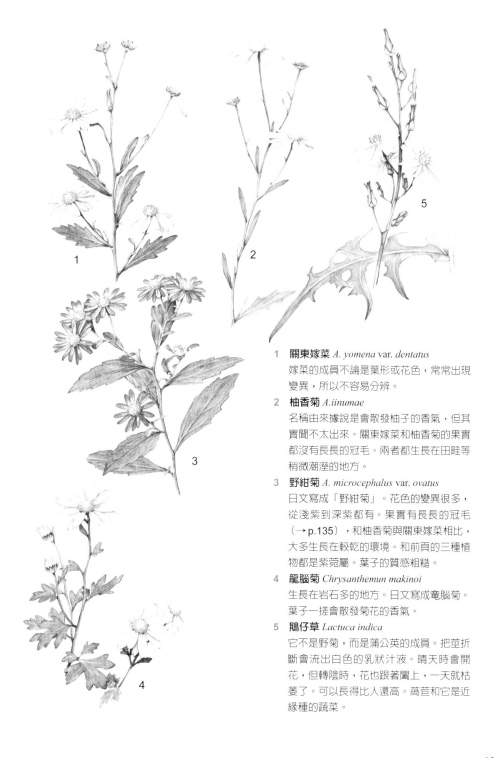

1 **關東嫁菜** *A. yomena* var. *dentatus*
　嫁菜的成員不論是葉形或花色，常常出現變異，所以不容易分辨。

2 **柚香菊** *A.iinumae*
　名稱由來據說是會散發柚子的香氣，但其實聞不太出來。關東嫁菜和柚香菊的果實都沒有長長的冠毛。兩者都生長在田畦等稍微潮溼的地方。

3 **野紺菊** *A. microcephalus* var. *ovatus*
　日文寫成「野紺菊」。花色的變異很多，從淺紫到深紫都有。果實有長長的冠毛（→p.135），和柚香菊與關東嫁菜相比，大多生長在較乾的環境。和前頁的三種植物都是紫菀屬。葉子的質感粗糙。

4 **龍腦菊** *Chrysanthemun makinoi*
　生長在岩石多的地方。日文寫成竜腦菊。葉子一搓會散發菊花的香氣。

5 **鵝仔草** *Lactuca indica*
　它不是野菊，而是蒲公英的成員。把莖折斷會流出白色的乳狀汁液。晴天時會開花，但轉陰時，花也跟著闔上，一天就枯萎了。可以長得比人還高。萵苣和它是近緣種的蔬菜。

1
2
3
4
5
6

「胡枝子、芒草、桔梗、瞿麥、女郎花、葛、澤蘭」這七種植物是所謂的秋之七草※。這種說法最早可追溯到收錄在《萬葉集卷八》山上憶良的和歌。

將開遍秋天原野的花屈指細數，一共有七種
荻花、尾花、葛花、撫子花、藤袴、朝顏、女郎花

據說最後提到的「朝顏」，就是今天的桔梗（而不是牽牛花）。

除了葛，其他六種都是主要生長在芒草原的植物。這些半自然草原植物，受到管理與維護的目的是基於其實用價值。包括當作修繕屋頂的材料、牲口飼料。

1　東風菜 *Aster scaber*〔菊科〕（→ p.104）
2　輪葉沙參 *Adenophora triphylla*〔桔梗科〕（→ p.108）
3　林澤蘭 *Eupatorium lindleyanum*〔菊科〕
　　同屬的澤蘭被認為是從中國傳來的植物。
4　芒草 *Miscanthus sinensis*〔禾本科〕
　　也寫成「薄」。
5　黃花龍芽草 *Patrinia scabiosaefolia*〔忍冬科〕（→ p.108）
6　長萼瞿麥 *Dianthus superbus* var. *longicalycinus*〔石竹科〕
　　也單稱為瞿麥。花朵帶有些微的甘甜香氣。

※ 註：秋之七草為荻花（胡枝子）、尾花（芒草）、葛花（葛）、撫子花（瞿麥）、藤袴（澤蘭）、朝顏（桔梗）、女郎花（黃花龍芽草）。

秋天終於進入佳境了。和一個月前相比，點綴著田野的秋草種類也多了不少吧。不過，最大的變化是訪花昆蟲的陣容變得更加堅強，大家共聚一堂，顯得好不熱鬧。

　　花的構造因植物的種類而異。每一種都各有能適應其構造的昆蟲。看到兩者能夠各取所需，搭配得天衣無縫的樣子，往往讓我頻頻點頭稱是，拍案叫絕。琴柱草（→ p.117）和日本赤豆（→ p.111）的巧思也值得一看。精彩到我認為不看就虧大了。在這美妙的季節，請各位帶著袖珍顯微鏡和小本的素描簿，到野外散散步吧。

▼桔梗

Platycodon grandiflorum

〔桔梗科〕

美則美矣，但野生種幾乎已銷聲匿跡。有絕種的危機。

▲野菰

Aeginetia indica

〔列當科〕

日文稱為南蠻煙管。名稱得自於花形讓人聯想到從南蠻（國外）傳來的煙管。寄生在芒草和蘘荷。別名「思念草」。「路旁芒草叢下的思念草，低著頭好似心中懷抱著憂愁」（萬葉集卷十詠歌人不詳）。

▼毛敗醬
Patrinia villosa
〔忍冬科〕

拜前兩頁提到的和歌所賜，名列於七草的植物們個個擁有高知名度，但生長在同一個地方的其他植物，其實也爭先開放，互相競豔。

我們身邊隨處可見的植物包括輪葉沙參、地榆、秋麒麟草、歪頭菜、紫花前胡、野菊類、龍膽。野鳳仙花、水金鳳、星宿菜、玉簪、犬胡麻、光千屈菜、薄荷的花也是七種在溼地開花的日本原生種。秋天的原野可謂遍地開花。除了「芒草」和「桔梗」，據說《徒然草》的作者（吉田兼好）也相當喜歡「地榆」、「菊」和「龍膽」等秋草呢。

▼黃花龍芽草
Patrinia scabiosaefolia
〔忍冬科〕

輪葉沙參▶
Adenophora triphylla
〔桔梗科〕
山菜「Totoki」是本種的嫩芽。根生葉的形狀渾圓，乍看之下很像球果菫菜夏季的葉子。日文寫成「釣鐘人參」。▼

▲一枝黃花（秋天麒麟草）
Solidago virga-aurea var. *asiatica*
〔菊科〕英文名是「goldenrod」。

梅花草 *Parnassia palustris*〔衛矛科〕▲
深秋時，在稍微潮溼的明亮草地開花。兼具蜜腺功能的雄蕊，形狀看起來很有趣。

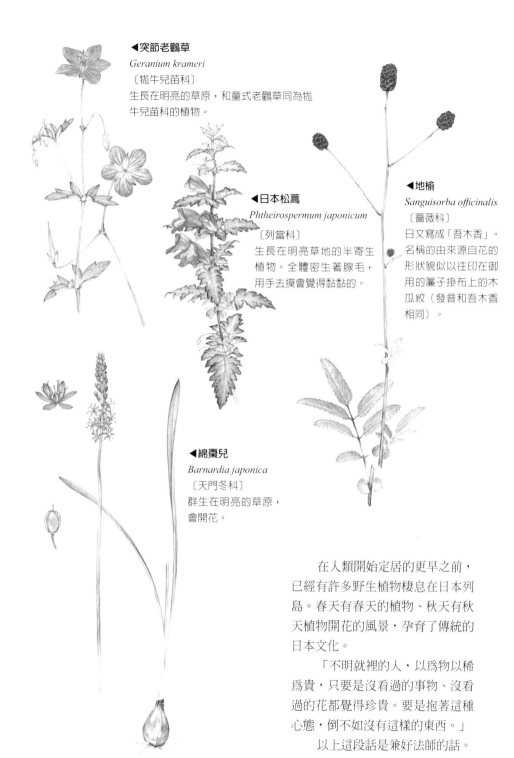

◀突節老鸛草
Geranium krameri
〔牻牛兒苗科〕
生長在明亮的草原，和童式老鸛草同為牻
牛兒苗科的植物。

◀日本松蒿
Phtheirospermum japonicum
〔列當科〕
生長在明亮草地的半寄生
植物。全體密生著腺毛，
用手去摸會覺得黏黏的。

◀地榆
Sanguisorba officinalis
〔薔薇科〕
日文寫成「吾木香」。
名稱的由來源自花的
形狀貌似以往印在御
用的簾子掛布上的木
瓜紋（發音和吾木香
相同）。

◀綿棗兒
Barnardia japonica
〔天門冬科〕
群生在明亮的草原，
會開花。

在人類開始定居的更早之前，
已經有許多野生植物棲息在日本列
島。春天有春天的植物、秋天有秋
天植物開花的風景，孕育了傳統的
日本文化。
　　「不明就裡的人，以為物以稀
為貴，只要是沒看過的事物、沒看
過的花都覺得珍貴。要是抱著這種
心態，倒不如沒有這樣的東西。」
　　以上這段話是兼好法師的話。

秋天原野的豆科植物的花

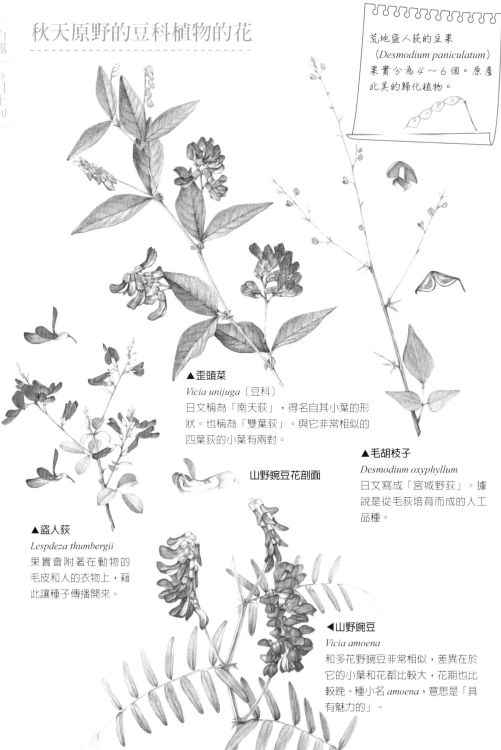

荒地盜人荻的豆果
（*Desmodium paniculatum*）
果實分為 4～6 個。原產
北美的歸化植物。

▲歪頭菜
Vicia unijuga〔豆科〕
日文稱為「南天荻」，得名自其小葉的形
狀。也稱為「雙葉荻」。與它非常相似的
四葉荻的小葉有兩對。

山野豌豆花剖面

▲毛胡枝子
Desmodium oxyphyllum
日文寫成「宮城野荻」。據
說是從毛荻培育而成的人工
品種。

▲盜人荻
Lespdeza thumbergii
果實會附著在動物的
毛皮和人的衣物上，藉
此讓種子傳播開來。

◀山野豌豆
Vicia amoena
和多花野豌豆非常相似，差異在於
它的小葉和花都比較大，花期也比
較晚。種小名 *amoena*，意思是「具
有魅力的」。

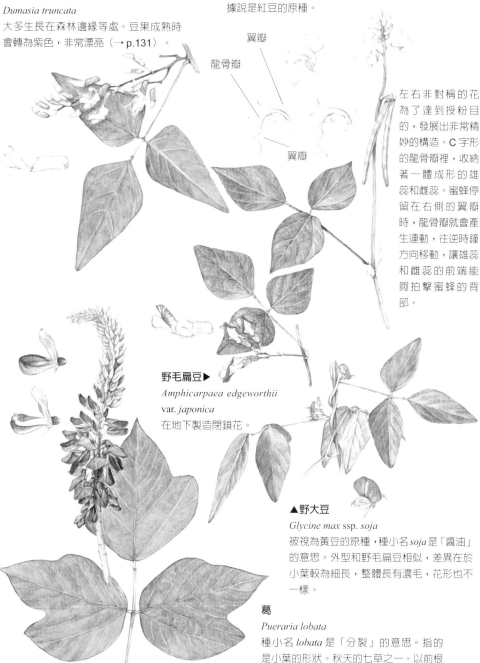

▼山黑豆

Dumasia truncata
大多生長在森林邊緣等處。豆果成熟時
會轉為紫色，非常漂亮（→ p.131）。

▼日本赤豆

Azukia angularis var. *nipponensis*
據說是紅豆的原種。

翼瓣

龍骨瓣

翼瓣

左右非對稱的花為了達到授粉目的，發展出非常精妙的構造。C 字形的龍骨瓣裡，收納著一體成形的雄蕊和雌蕊。蜜蜂停留在右側的翼瓣時，龍骨瓣就會產生連動，往逆時鐘方向移動，讓雄蕊和雌蕊的前端能夠拍擊蜜蜂的背部。

野毛扁豆▶

Amphicarpaea edgeworthii
var. *japonica*
在地下製造閉鎖花。

▲野大豆

Glycine max ssp. *soja*
被視為黃豆的原種，種小名 *soja* 是「醬油」的意思。外型和野毛扁豆相似，差異在於小葉較為細長，整體長有濃毛，花形也不一樣。

葛

Pueraria lobata
種小名 *lobata* 是「分裂」的意思。指的是小葉的形狀。秋天的七草之一。以前根部被當作取得澱粉的來源。其花帶有一種類似葡萄汽水的香味。是切葉蜂成員經常造訪的植物。也是銀灰蝶幼蟲的食草。

　　薊屬的植物，吸引許多昆蟲前來造訪。大紅蛺蝶、姬紅蛺蝶、黃鉤蛺蝶、綠豹蛺蝶、燦福蛺蝶、蟾福蛺蝶、雲形豹紋蝶、雌黑豹紋蛺蝶、斐豹蛺蝶、弧金翅夜蛾……對昆蟲一無所知的人，即使聽到這一長串的名字，也可能覺得就像意義不明的咒語吧。

◀雌黑豹紋蛺蝶
Damora sagana liane
雄蝶的花紋是黃底黑點
的豹紋圖案。雌蝶是黑
底白點圖案。

▲野原薊 *Cirsium tanakae*
〔菊科〕
野原薊在夏秋兩季，是平地草叢中最常見的植物。
野原薊和春天開花的大薊（→ p.45）不一樣，特徵
是總苞片的前端為斜斜往上。花的色彩也比大薊稍
微濁了一些。

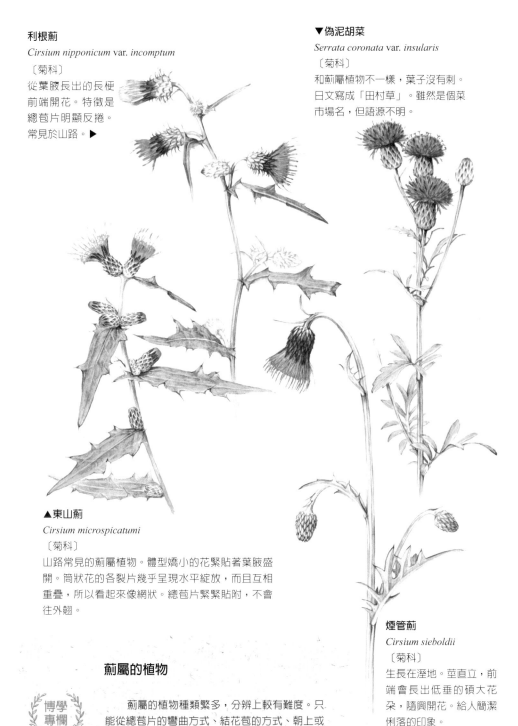

利根薊

Cirsium nipponicum var. *incomptum*

〔菊科〕

從葉腋長出的長梗
前端開花。特徵是
總苞片明顯反捲。
常見於山路。▶

▼偽泥胡菜

Serrata coronata var. *insularis*

〔菊科〕

和薊屬植物不一樣，葉子沒有刺。
日文寫成「田村草」。雖然是個菜
市場名，但語源不明。

▲東山薊

Cirsium microspicatumi

〔菊科〕

山路常見的薊屬植物。體型嬌小的花緊貼著葉腋盛
開。筒狀花的各裂片幾乎呈現水平綻放，而且互相
重疊，所以看起來像網狀。總苞片緊緊貼附，不會
往外翹。

薊屬的植物

博學
專欄

　　薊屬的植物種類繁多，分辨上較有難度。只
能從總苞片的彎曲方式、結花苞的方式、朝上或
往下開花等細節分辨。依照生長環境的差異，例
如是否為向陽處的土堤或溼地，或者是森林邊緣
等，每一種的外型會出現些微的差異。

煙管薊

Cirsium sieboldii

〔菊科〕

生長在溼地。莖直立，前
端會長出低垂的碩大花
朵，隨興開花。給人簡潔
俐落的印象。

本有句慣用語說：「不論熱或冷，撐到彼岸就結束了。」在5月黃金週插秧的水田，現在正好要收割。收割完畢後，田園景色又變得完全不一樣。秋天的野花，雖然還繼續盛開，但感覺沒有原本那麼熱鬧了。蓼科的成員在田畦盛開；土堤的草叢則由石蒜、鵝仔草、野原薊負責妝點，將秋日點綴得五彩繽紛。以休耕田改種波斯菊的花田，也在此時盛開粉紅色、紅色、白色的花朵，吸引大批賞花的遊客前來。不論是石蒜也好，還是秋海棠、秋芍藥、波斯菊也罷，日本的秋天現在已是外來植物的天下。這算是好事嗎……。

歸化植物

透過人類的活動，從原本的原生地來到遠方，並且在當地正常繁衍後代的植物。至於引進的時間，可依照文獻的記錄等來推斷。但如果是古時引進的植物，則因年代過於久遠無從得知，被稱為史前歸化植物。

不論動植物，外來生物的定居，對既有的生物影響很大，甚至可能造成嚴重的問題。

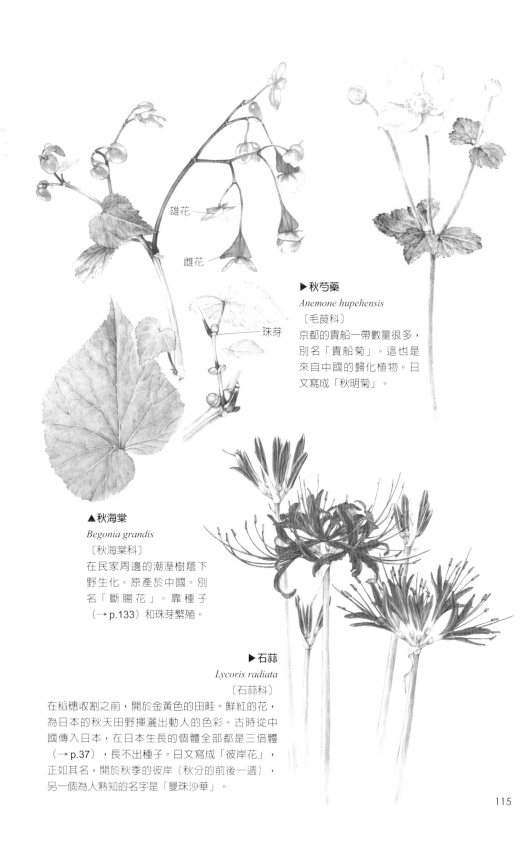

雄花

雌花

珠芽

▶秋芍藥

Anemone hupehensis

〔毛茛科〕

京都的貴船一帶數量很多，別名「貴船菊」。這也是來自中國的歸化植物。日文寫成「秋明菊」。

▲秋海棠

Begonia grandis

〔秋海棠科〕

在民家周邊的潮溼樹蔭下野生化。原產於中國。別名「斷腸花」。靠種子（→ p.133）和珠芽繁殖。

▶石蒜

Lycoris radiata

〔石蒜科〕

在稻穗收割之前，開於金黃色的田畦。鮮紅的花，為日本的秋天田野揮灑出動人的色彩。古時從中國傳入日本，在日本生長的個體全部都是三倍體（→ p.37），長不出種子。日文寫成「彼岸花」，正如其名，開於秋季的彼岸（秋分的前後一週），另一個為人熟知的名字是「曼珠沙華」。

毒與藥只有一線之隔　⚠ 劇毒

日本烏頭

Aconitum japonicum〔毛茛科〕

萼片呈烏帽子（日本古代的禮帽）形，顏色是鮮豔的藍紫色。裡面有兩條由花瓣變形而成的蜜腺體，形狀像海馬。是知名的劇毒植物，全株都帶有毒性，誤食有致死的可能。英文名稱是「Mookshood」，理由大概是花形看似天主教的教皇和主教的帽子吧。漢方把根稱為烏頭或附子，當作藥用植物使用。

◀單穗升麻▶

Cimicifuga simplex
〔毛茛科〕
白色的鬍狀花序在翠綠的森林中顯得特別醒目。

草牡丹▶

Clematis staus
〔毛茛科〕
和日本鐵線蓮同屬於鐵線蓮屬植物，但它不是蔓藤類，莖是挺直的。藍紫色的花朵色彩淡雅，具備獨特的氣質。一開花，花瓣會往外翹。雌雄異株。

羊乳▶

Codonopsis lanceolata
〔桔梗科〕
像氣球一樣的花形，讓人印象深刻。日文別名是「老爺爺的雀斑」。由來是花冠的斑點看起來像雀斑。還有一種類似的種類稱為「老婆婆的雀斑」。差異在於老爺爺的雀斑的種子有翅狀附屬物，老婆婆的雀斑沒有。

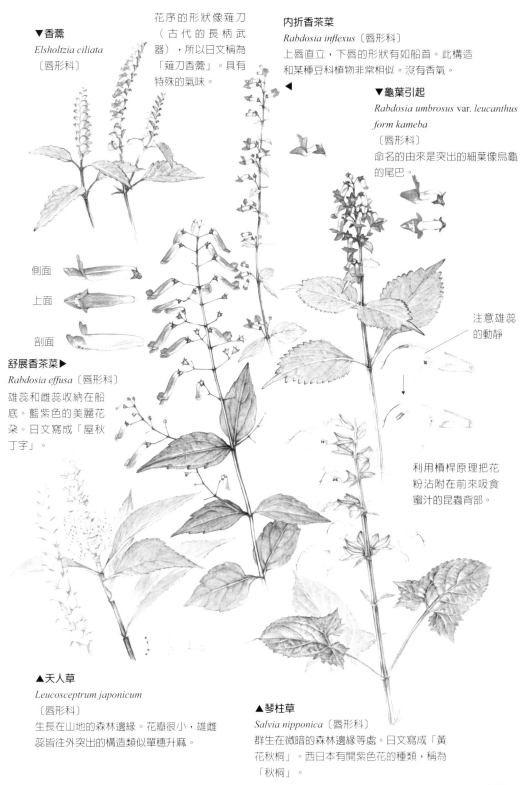

▼香薷
Elsholtzia ciliata
〔唇形科〕

花序的形狀像薙刀（古代的長柄武器），所以日文稱為「薙刀香薷」。具有特殊的氣味。

內折香茶菜
Rabdosia inflexus〔唇形科〕
上唇直立，下唇的形狀有如船首。此構造和某種豆科植物非常相似。沒有香氣。

▼龜葉引起
Rabdosia umbrosus var. *leucanthus*
form kameba
〔唇形科〕
命名的由來是突出的細葉像烏龜的尾巴。

側面

上面

剖面

舒展香茶菜▶
Rabdosia effusa〔唇形科〕
雄蕊和雌蕊收納在船底。藍紫色的美麗花朵。日文寫成「屋秋丁字」。

注意雄蕊的動靜

利用槓桿原理把花粉沾附在前來吸食蜜汁的昆蟲背部。

▲天人草
Leucosceptrum japonicum
〔唇形科〕
生長在山地的森林邊緣。花瓣很小，雄雌蕊皆往外突出的構造類似單穗升麻。

▲琴柱草
Salvia nipponica〔唇形科〕
群生在微暗的森林邊緣等處。日文寫成「黃花秋桐」。西日本有開紫色花的種類，稱為「秋桐」。

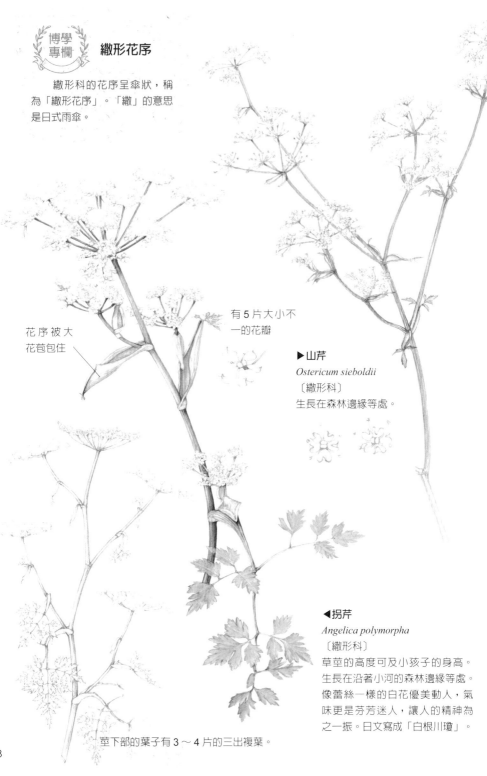

博學專欄

繖形花序

繖形科的花序呈傘狀，稱為「繖形花序」。「繖」的意思是日式雨傘。

花序被大花苞包住

有 5 片大小不一的花瓣

▶山芹

Ostericum sieboldii

〔繖形科〕

生長在森林邊緣等處。

◀拐芹

Angelica polymorpha

〔繖形科〕

草莖的高度可及小孩子的身高。生長在沿著小河的森林邊緣等處。像蕾絲一樣的白花優美動人，氣味更是芬芳迷人，讓人的精神為之一振。日文寫成「白根川瓊」。

莖下部的葉子有 3 ～ 4 片的三出複葉。

到了這個季節，只要周遭的風景發生了些微變化，便會讓人感受到「秋意真的愈來愈濃烈了」。如果處於市區，大概會聞到丹桂的花香吧。據說日本的丹桂全都是雄株，所以不會結果，但是白色的桂花倒時常結果。總而言之，丹桂黃中帶橘的色澤和芬芳香氣，成為替這個季節加分的象徵。距離紅葉季雖然還有段時間，但是這個時候在山裡散步，實在是一大樂事。

時節已經進入 10 月。山上的空氣顯得清冽澄淨。除了熟悉的野紺菊、三脈紫苑、野鳳仙花，或許也能發現龜葉引起、舒展香茶菜的藍紫色花。

不過，比起這些，更重要的是在澄淨冰涼的空氣中，享受到山芹和拐芹的撲鼻清香。我想即使特地為此出門，也會覺得不虛此行。

反倒是每個人都一窩蜂的跑到賞楓勝地湊熱鬧，實在沒意思，也只是徒然耗費時間與精神。

花序從碩大的
花苞中伸出來

▲紫花前胡
Angelica decursiva
〔繖形科〕
生長在向陽的森林邊緣和草叢。特徵是暗紫色的花瓣。葉片厚實。是黃鳳蝶幼蟲偏好的食草。生長在海岸的明日葉也同為繖形科植物。

中華毛斑蛾▶
Pryeria sinica
〔斑蛾科〕
翅膀大部分是透明的，胸部是黑色。腹部被黃色毛所覆蓋。會在冬青衛矛上產下大量的卵。

秋天的蝶

秋天不是任由群花獨領風騷的季節。因為各種色彩繽紛的蝴蝶也會現身，陣容和群花相比毫不遜色。黃褐色底搭配黑色豹紋的豹蛺蝶屬成員，在初夏羽化後歷經夏眠，到了秋天再次現身。雖然每一種豹蛺蝶長得大同小異，不過翅膀背面的模樣都有些許差異，可當作辨識依據。幼蟲以菫菜的葉子為食，大多一直保持幼蟲的模樣越冬。

大紅蛺蝶、黃鉤蛺蝶也開始頻繁造訪大薊等各種花。上述兩種都對枹櫟和麻櫟的樹液、成熟的柿子果實等充滿興趣，不過也有只對樹液情有獨鍾，對花連正眼也不瞧一眼的蝶類，例如緋蛺蝶、琉璃蛺蝶。這些蝶類以成蟲的姿態越冬。話說回來，訪花的昆蟲不單只有蝶類。東風菜的花也吸引錨紋蛾等蛾類造訪，而且不特別說破的話，誰也看不出牠竟然是蛾類。長喙天蛾的成員們豎起翅膀，懸停在野鳳仙花、鳳仙花吸食花蜜的模樣，讓看到的人不禁驚呼連連「難不成是蜂鳥來了！」天蛾科的成員在白天的活動力很旺盛。相對的，到了日暮時分才快活地在野菊和大薊的周圍飛來飛去的是金翅夜蛾亞科的成員。儘管牠們飛的時候我們看不見，但正如其名，牠們前翅的花紋像是鑲金帶銀，非常精緻美麗。

青剛櫟等常綠樹的周圍，常有為了尋找越冬場所的銀灰蝶，拍動著銀白色的翅膀到處飛舞。牠們對花蜜興趣缺缺，最愛成熟的柿子等。

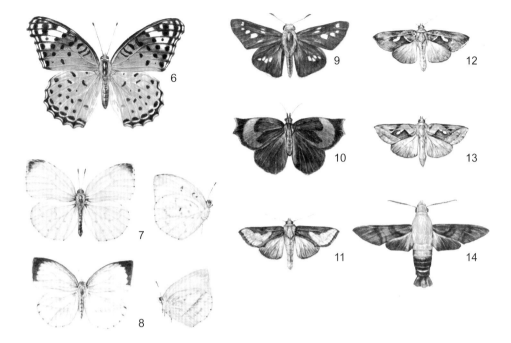

1 **大紅蛺蝶** *Vanessa indica*〔蛺蝶科〕
   幼蟲的食餌植物是懸鈴葉苧麻和苧麻。
2 **姬紅蛺蝶** *Vanessa cardui*〔蛺蝶科〕
   幼蟲以艾草和牛蒡為食。
3 **黃鉤蛺蝶** *Polygonia c-aureum*〔蛺蝶科〕
   幼蟲的食物是葎草。
4 **紅老豹蛺蝶** *Argyronome ruslana lysippe*〔蛺蝶科〕
5 **綠豹蛺蝶** *Argynnis paphia geisha*〔蛺蝶科〕
6 **斐豹蛺蝶** *Argyreus hyperbius*〔蛺蝶科〕
   雌蝶前翅的前緣（袖口）呈靛色，因而得名。以往棲息在西日本溫暖地帶，這幾年也定居在北關
   東地區。據說是受到氣候暖化影響。以「新住民」 的姿態現身時，容易受到大家關注，但當牠
   已銷聲匿跡時，卻不容易被發覺也是人之常情。等到大家驚覺好久沒有看到牠現身，表示牠已經
   面臨絕種危機，難以挽回。
7 **北黃蝶** *Eurema hecabe mandarina*〔粉蝶科〕
   幼蟲的食物是合歡木和荻。在夏天出現的個體，翅膀端部的黑色部分比較多。以成蟲的形態越冬。
8 **角翅黃蝶** *Eurema laeta*〔粉蝶科〕
   幼蟲的食草是豆茶決明。
9 **稻弄蝶** *Paruara guttata*〔弄蝶科〕
   是稻米的害蟲。
10 **錨紋蛾** *Pterodecta felderi*〔錨紋蛾科〕
   幼蟲以鱗毛蕨科的蕨類植物為食。翅膀的紋路像船錨的形狀，因而以此命名。
11 **中金翅夜蛾** *Diachrysia intermixta*〔夜蛾科〕
12 **中銀翅夜蛾** *Autographa confusa*〔夜蛾科〕
13 **淡銀紋夜蛾** *Autographa purissima*〔夜蛾科〕
14 **青背長喙天蛾** *Macroglossum bombylans*〔天蛾科〕
   幼蟲吃茜草和雞屎藤。

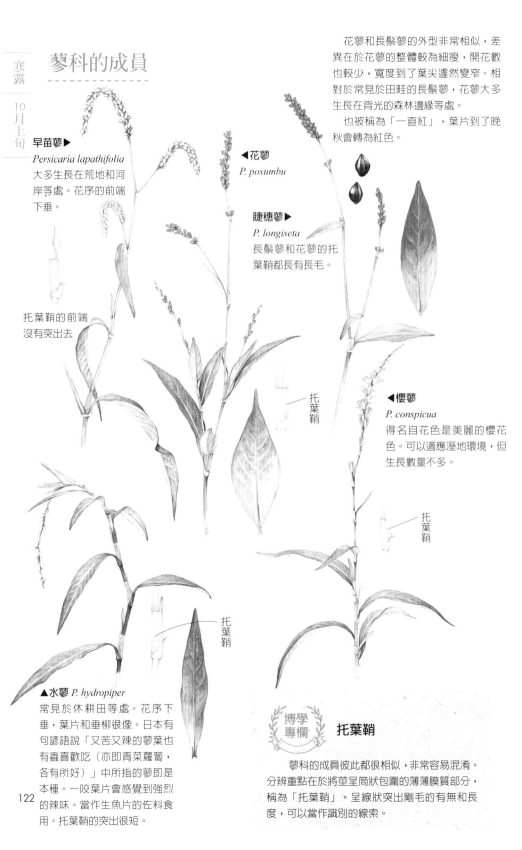

蓼科的成員

花蓼和長鬚蓼的外型非常相似，差異在於花蓼的整體較為細瘦，開花數也較少，寬度到了葉尖遽然變窄。相對於常見於田畦的長鬚蓼，花蓼大多生長在背光的森林邊緣等處。

也被稱為「一直紅」，葉片到了晚秋會轉為紅色。

◀早苗蓼▶

Persicaria lapathifolia
大多生長在荒地和河岸等處。花序的前端下垂。

◀花蓼

P. posumbu

睫穗蓼▶

P. longiseta
長鬚蓼和花蓼的托葉鞘都長有長毛。

托葉鞘的前端
沒有突出去

托葉鞘

◀櫻蓼

P. conspicua
得名自花色是美麗的櫻花色。可以適應溼地環境，但生長數量不多。

托葉鞘

托葉鞘

▲水蓼 *P. hydropiper*

常見於休耕田等處。花序下垂，葉片和垂柳很像。日本有句諺語說「又苦又辣的蓼葉也有蟲喜歡吃（亦即青菜蘿蔔，各有所好）」中所指的蓼即是本種。一咬葉片會感覺到強烈的辣味。當作生魚片的佐料食用。托葉鞘的突出很短。

博學專欄

托葉鞘

蓼科的成員彼此都很相似，非常容易混淆。分辨重點在於將莖呈筒狀包圍的薄薄膜質部分，稱為「托葉鞘」。呈線狀突出剛毛的有無和長度，可以當作識別的線索。

▼扛板歸

P. perfoliata

肥厚的花被把黑色球狀的果實包圍其中。果實的顏色是美麗的天
空藍，但若想去採，一不小心會被尖銳的刺刺痛。

托葉鞘

刺蓼▲

P. senticosa

日文寫成「繼子擦屁股」，
非常奇特。特徵是本種和扛
板歸的托葉鞘都呈葉狀擴
散。

◀戟葉蓼

P. thunbergii

群生在小河的河畔和溼地。花色的
變化很多，有白色、淺粉紅、深粉
紅。和其他蓼科植物相比，花朵更大
更美。可供食用的蕎麥（*Fagopyrum
esculentum*）也是屬於蓼科。種小
名 *thunbergii* 是 為 了 紀 念 十 八 世
紀末渡日的瑞典植物學者通貝里
（*C.P.Thunberg*）。

箭頭蓼▲

P. sieboldii

葉的基部是箭頭形。托葉鞘的前端形
狀像被斜斜切開。種小名 *sieboldii* 是
源自幕府末期渡日的德國醫師西馮德
（P.F.von Siebold）。

▶**日本當藥** *Swertia japonica*
〔龍膽科〕
知名的健胃藥，味道很苦。日文
寫成「千振」，得名自即使搖晃
了千次苦味依舊的意思。生長在
明亮的灌木林和松林等處。

▲**龍膽草** *Gentiana scabra* var. *buergeri*
〔龍膽科〕
在日照充足的草叢和灌木林等處開花。
一被陽光照射花就會開，但天氣若轉陰
又闔上。《枕草子》也有提到龍膽「霜
後眾花枯盡，只有此花露出鮮明的色
彩，十分討人喜歡」。根部被稱為「龍
膽」，是知名的健胃藥。

球序韭▶
Allium thunbergii
〔石蒜科〕
在明亮的溼地和土堤的
草 叢 開 花。草 莖 高 度
30 ～ 60 公 分。正 如 其
名，它和薤、韭都是石蒜
科蔥屬的成員。

▼半高野帚 *Pertya scandens*

〔菊科〕

生長在赤松林的小灌木。呈螺旋狀的 5 瓣筒狀花有 12 個左右，緊密結合成一體。日文稱為「高野帚」，原因是可以用它的樹枝製造掃帚。

◀尖葉鬼督郵

Ainsliaea apiculata

〔菊科〕

開花由 3 朵小花組成的白色花，非常美麗。生長在微暗扁柏林的地表等處。日文寫成「龜甲白熊」。「白熊」是長槍和頭盔的裝飾。得名自其白色的花貌似白熊。

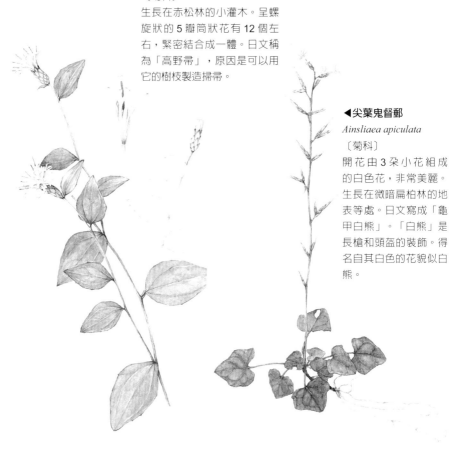

雖然野原薊和野紺菊仍繼續開花，但是冬天的使者差不多要現身了。

到了 10 月底可以看到黃尾鴝。牠的體型和麻雀差不多，雄鳥是灰頭黑臉，腹部是橘色。偏黑的翅膀帶著白色紋路，看起來非常醒目。雌鳥的整體偏茶色，不過翅膀也有白色紋路。在路上的民家庭園和公園等處時常可見。動作的特徵是邊不停地搖著尾巴，一邊「hiku hiku」地叫著。

在天氣晴朗和煦的日子裡，有一種蛾時常在冬青衛矛的綠籬附近飛來飛去。牠的名字是中華毛斑蛾（→ p.119）。

位於山邊向陽處的住宅，到了每年的這個季節，一定會聚集大量的瓢蟲和椿象，讓居民感到困擾不已。瓢蟲和小珀椿象等都是集團越冬，所以造成的騷動自然非同小可。以假柳葉菜為食草的藍金花蟲等昆蟲，則是選擇在土堤的草叢等處越冬。有一年我看到了藍金花蟲的大集團。快速瞄了幾眼，最起碼也有好幾萬隻。山裡的龍膽和球序韭一開花，等於宣告本季的花曆已即將進入尾聲。

紅色的果實和黃色的果實

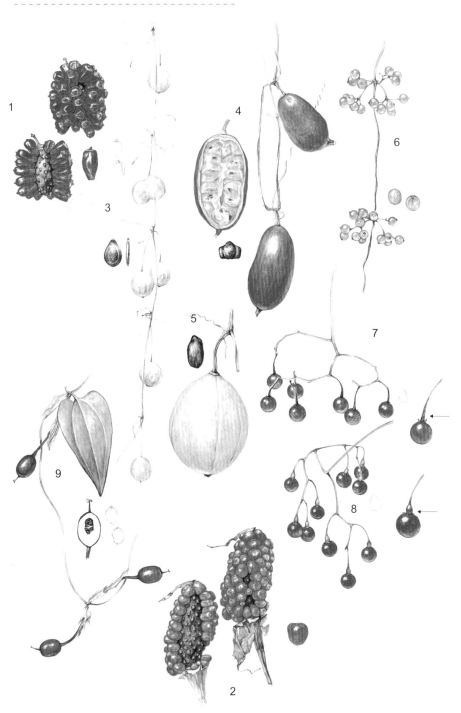

126

1　**浦島天南星** *Arisaema thunbergii* 〔天南星科〕
外型和細齒南星很像，但果實比較細長且有稜有角。

2　**細齒南星** *Arisaema serratum*〔天南星科〕
顏色和浦島天南星相比，比較偏向橘紅。

3　**馬㼎兒** *Zehneria japonica*〔葫蘆科〕
成熟會轉為白色。未成熟果實和小黃瓜的味道簡直一模一樣，很美味。

4　**王瓜** *Trichosanthes cucumeroides*〔葫蘆科〕

5　**日本栝樓** *Trichosanthes kirilowii* var. *japonica*〔葫蘆科〕
會結出比王瓜大很多的碩大黃色果實。卷鬚的前端連筆直的牆壁也照樣攀爬上去。種子扁平。

6　**雞屎藤** *Paederia scandens*〔茜草科〕
帶有光澤的黃褐色果實很漂亮，但會散發臭味。

7　**白英** *Solanam lyratum*〔茄科〕
日文寫成「鵯上戶」，據說鵯很喜歡吃。枝葉長有許多細毛。有毒，不可食用。

8　**野海茄** *S. japonense*〔茄科〕
莖沒有毛。果實的梗會鼓起（箭頭部分）。生長在森林邊緣。

9　**日本雙蝴蝶** *Tripterospermum japonicum*〔龍膽科〕
紅紫色的果實為晚秋增添亮麗的色彩（→ p.136）。

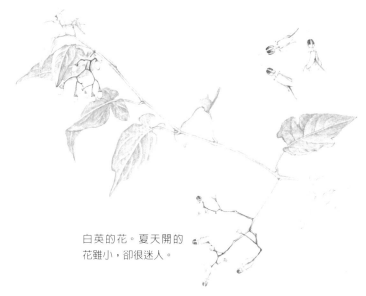

白英的花。夏天開的
花雖小，卻很迷人。

藍色的果實和黑色的果實

1　**茜草** *Rubia cordifolia*〔茜草科〕
在山野隨處可見。根部可萃取成染料（→ p.143）。意外的是，即使很多人聽過它的名字，卻不知本尊的模樣為何。

2　**絞股藍** *Gynostemma pentaphyllum*〔葫蘆科〕
樹蔭下很多。像是頭上綁了一字巾的暗綠色果實看起來很迷人。

3　**光果龍葵** *Solanum americanum*〔茄科〕
和歷史更悠久的龍葵相比，現在的數量以本種較多。

4　**垂序商陸** *Phytolacca americana*〔商陸科〕
原產於中國的商陸其花序朝上，結的果實是 8 個分果。看起來很像葡萄的液果看似美味，但不能食用。

5　**木防己** *Cocculus trilobus*〔防己科〕
像灑了粉的藍黑色果實看起來像葡萄，有毒。種子的形狀像菊石，看起來很有趣。日文寫成「青葛藤」，由來是它的藤蔓可編成箱子。

6　**山東萬壽竹** *Disporum smilacinum*〔秋水仙科〕
會結果，主要以地下莖繁殖（→ p.34）。

7　**烏蘇里山馬薯** *Smilax riparia* var. *ussuriensis*〔菝葜科〕
和日本菝葜一樣，嫩芽都可摘下食用，是喜歡吃山菜的人很熟悉的植物。成熟後轉黑的果實中有紅色種子，看起來很鮮明。

8　**日本菝葜** *S. nipponica*〔菝葜科〕
外型和烏蘇里山馬薯類似，但果實表面質感像撒了粉。

▼**酸漿** *Physalis alkekengi*
〔茄科〕

萼片變大，包住果實。

▲**光果龍葵**
Solanum americanum〔茄科〕

野毛扁豆和日本赤豆成熟後，豆莢會裂開，從裡面迸出種子。合萌的種子則會從每一節迸出掉落。顏色分別轉為美麗的紅色和紫色的漸尖葉鹿藿和山黑豆，即使豆莢裂開了，種子依然附著在上面。鮮明的色彩，可能在鳥兒過來食用時，可以發揮辨識的作用吧。不過，這些豆子最後是進了哪些鳥的肚子呢。

1 **野毛扁豆** *Amphicarpaea edgeworthii* var. *japonica*〔豆科〕
在地下長出閉鎖花，豆果會成熟（→ p.111）。

2 **野大豆** *Glycine max* ssp. *soja*〔豆科〕
外型和野毛扁豆很像，差異在於整體是黃褐色，長有許多毛。被視為是黃豆的原種（→ p.111）。

3 **日本赤豆** *Azukia angularis* var. *nipponensis*〔豆科〕
細長的果實成熟時顏色會轉為黑褐色。花的構造很有趣（→ p.111）。

4 **漸尖葉鹿藿** *Rhynchosia acuminatifolia*〔豆科〕
鮮紅的豆莢打開後，會從裡面迸出黑得透亮的種子。特徵是葉尖又細又尖。西日本的數量很多。鹿藿的外型與其相似，差異在於葉尖不會變細。

5 **山黑豆** *Dumasia truncata*〔豆科〕
以出現在關東平原的豆科植物而言，本種和前種並列為兩大外型最有特色的種類。漂亮的紫色豆莢裂開後，裡面會露出藍黑色的種子，貌似獨眼小僧。和白色的豆莢內側形成強烈對比。大多生長在森林邊緣（→ p.111）。

6 **馬棘** *Indigofera pseudo-tinctoria*〔豆科〕
（→ p.75）。

7 **歪頭菜** *Vicia unijuga*〔豆科〕
（→ p.110）。

8 **葛** *Pueraria lobata*〔豆科〕
豆果的表面覆蓋著黃褐色的毛（→ p.111）。

9 **合萌** *Aeschynomene indica*〔豆科〕
生長在田畦和河邊等潮溼處。葉子和合歡葉很像。乍看很容易被當作豆茶決明，特徵是果實會從每一節迸出來。

10 **豆茶決明** *Chamaecrista nomame*〔豆科〕
與藥用的決明為同屬植物。據說以葉子和種子熬煮過的水可當作藥用茶。

 和名和學名

　　和名是動植物依照日文取的名字。有鑑於和人類關係密切的生物，名字常會有地名出現，容易混淆，所以一般採用的都是「標準和名」。

　　至於學名，動物、植物、菌類各有命名規則，以此規則取的名字是學術上的名字。學名都是拉丁文或以其他拉丁語化的語言所組成。

　　「屬名」相當於人類家族的姓氏，再搭配各別成員的「種名（或種小名）」，即構成每一種特定生物的名稱。屬名是名詞，種小名（種名）是形容詞。以「亞種（表記為 ssp.）」和「變種（表記為 var.）」區分種內的變異。此外，之後可再細分為「型（form 或表記為 f.）」。幾乎都是以羅馬字解讀。從學名看起來即可知，多花野豌豆和救荒野豌豆都是同屬的成員，野薄荷和內折香茶菜則不是同屬的成員。

有翅膀的種子

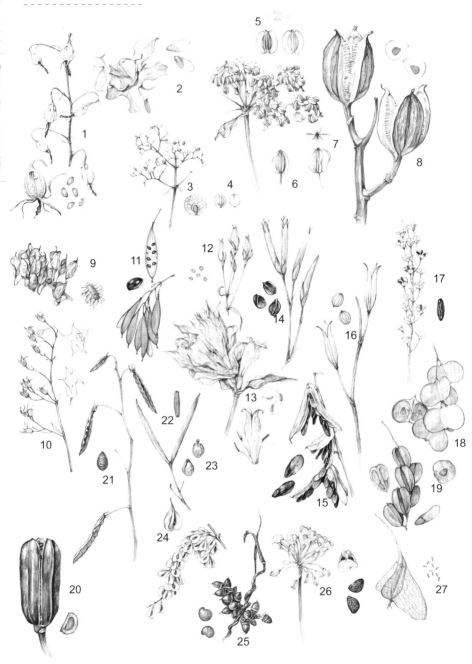

靠風傳播的種子各有巧妙之處，有的體積細小，有的呈扁平狀，有的有翅膀……不論是哪一種，目的都是為了提高傳播效率。看到輪葉沙參和秋海棠這類袋狀果實上方會開孔，一搖晃就會掉出少許種子的植物，讓人不禁讚嘆「原來靠這種方式傳播啊」。

日本薯蕷 *Dioscorea japonica* 和山萆薢 *D. tokoro* 都是山野很常見的植物，兩者都為雌雄異株，看起來非常相似。
日本薯蕷的果實往下垂，山萆薢的則是往上挺直；種子雖然都有翅膀，但形狀也不一樣（參照前頁）。
另外，日本薯蕷的葉腋會長珠芽，山萆薢則無。日本薯蕷的珠芽可和白米一起炊煮食用。

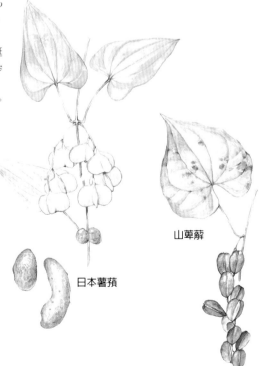

山萆薢

日本薯蕷

博學專欄

珠芽（無性芽）

　　有些植物具備特殊的繁殖器官，有別於透過有性生殖所長出的種子。
　　野蒜、半夏、秋海棠等都屬於可以靠珠芽繁殖的植物。

長有絨毛的種實

薊屬的成員和鵝仔草等菊科植物、蘿藦和寬葉香蒲等植物的果實或種子，都長有冠毛或種髮，會隨風漂浮在空中。薊的冠毛長在果實上，蘿藦的種髮是長在種子上。

▼鬼針草 *Bidens pilosa*
〔菊科〕

｜附著散播型的種子｜

　　秋天在原野散步時，通常會順便帶點「伴手禮」回去。就是附著散播型的種子。它們的構造有點像魔鬼氈，會黏在動物的毛皮和人的衣物。

狼杷草▶
Bidens tripartita〔菊科〕

▲大狼杷草
Bidens frondosa〔菊科〕
大狼杷草和狼杷草（小白花鬼針是它的變種）是原產於北美的歸化植物。果實的突起有朝下的刺，果實本體的側面有朝上的刺。原生種狼杷草的刺都是往下。刺蒼耳也有會黏人的刺，但是長在總苞片上。

▲刺蒼耳
Xanthium canadense〔菊科〕

▲和尚菜
Adenocaulon himalaicum
〔菊科〕

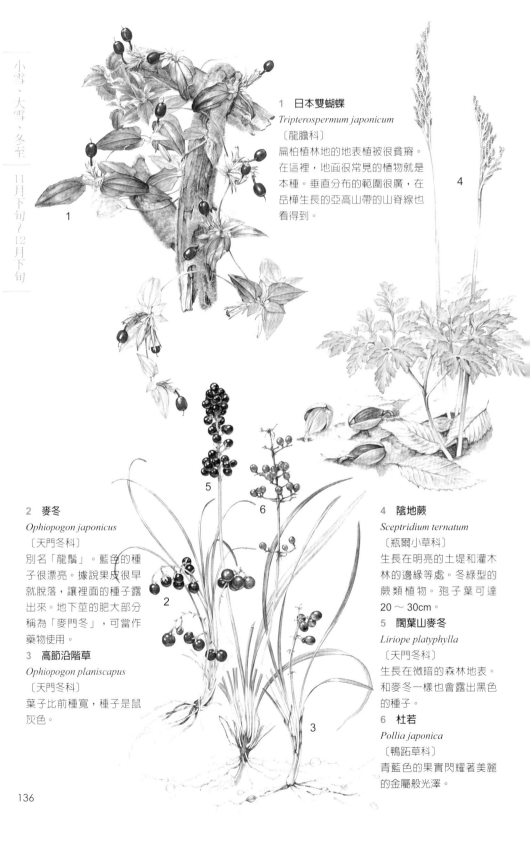

1　日本雙蝴蝶
Tripterospermum japonicum
〔龍膽科〕
扁柏植林地的地表植被很貧瘠。
在這裡，地面很常見的植物就是
本種。垂直分布的範圍很廣，在
岳樺生長的亞高山帶的山脊線也
看得到。

2　麥冬
Ophiopogon japonicus
〔天門冬科〕
別名「龍鬚」。藍色的種
子很漂亮。據說果皮很早
就脫落，讓裡面的種子露
出來。地下莖的肥大部分
稱為「麥門冬」，可當作
藥物使用。

3　高節沿階草
Ophiopogon planiscapus
〔天門冬科〕
葉子比前種寬，種子是鼠
灰色。

4　陰地蕨
Sceptridium ternatum
〔瓶爾小草科〕
生長在明亮的土堤和灌木
林的邊緣等處。冬綠型的
蕨類植物。孢子葉可達
20～30cm。

5　闊葉山麥冬
Liriope platyphylla
〔天門冬科〕
生長在微暗的森林地表。
和麥冬一樣也會露出黑色
的種子。

6　杜若
Pollia japonica
〔鴨跖草科〕
青藍色的果實閃耀著美麗
的金屬般光澤。

136

街道被楓葉染得鮮紅，銀杏行道樹也披上了金黃的外衣。如果不算庭院裡的八角金盤等，此時已經看不到色彩繽紛的花朵了。負責妝點初冬的是草木的果實。光線昏暗的扁柏樹林，在夏天無法讓人引起想要一探究竟的興致，但在這個時節一窺堂奧，將有意想不到的驚喜。原來這裡居然藏著這樣的玩意。我說的驚喜，指的是日本雙蝴蝶的果實。紫紅色的果實看起來非常漂亮。其實，夏天也有類似龍膽的花會開，也頗值得一看，只是幾乎沒有人會注意吧。

農家種在院子裡的金黃色柚子已經結果。馬上就是冬至了。

日本柚子
Citrus junos〔芸香科〕

板椎
Castanopsis sieboldii
〔殼斗科〕
沒有澀味，可以直接吃。

小葉青岡
Quercus myrsinaefolia
〔殼斗科〕

青剛櫟
Quercus glauca
〔殼斗科〕

新年初次參拜的植物觀察
古老的神社和寺廟，基本上不是被照葉樹林就是柳杉林所環繞。只要走路的時候不忘低頭檢視，常常會得到有趣的發現。例如地上有許多形狀各異的橡實，還散落著一些看似是鳥獸吃剩的草木種子。如果運氣好，說不定還會找到寒莓已成熟的紅色果實呢。

越冬① 水田的雜草

　　氣溫的嚴寒期。這個季節恐怕是生物們活動力最低落的時期。不過，利用散步的機會，欣賞植物正在越冬的姿態也很有意思。

稻槎菜▶
日文的漢字寫成「田平子」。春之七草中的「佛座」即為本種（→ p.28）。

▼彎曲碎米薺
嫩嫩的花序很美味（→ p.13）。

▲西洋菜
（→ p.52）

▲水芹（→ p.96）
氣味和香氣在春天七草中名列第一，吃起來很美味。

▼紫雲英
（→ p.31）

▲救荒野豌豆
（→ p.31）

博學專欄

豆科植物

　　紫雲英和救荒野豌豆的根部都有橢圓形的顆粒，叫做根瘤。透過根瘤與根瘤菌共生（後者可以固定空氣中的氮），豆科植物得以在缺乏養分的土壤中照常生長。

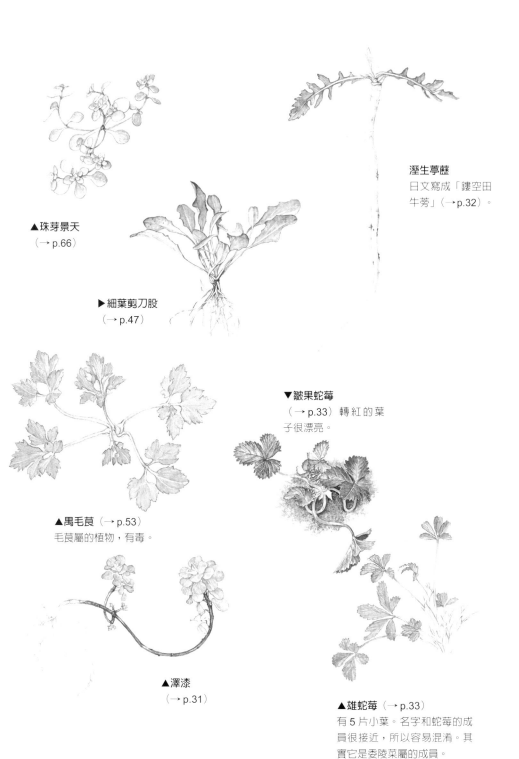

▲珠芽景天
（→ p.66）

▶細葉剪刀股
（→ p.47）

溼生蓼藶
日文寫成「鏤空田
牛蒡」（→p.32）。

▼皺果蛇莓
（→ p.33）轉紅的葉
子很漂亮。

▲禺毛茛（→ p.53）
毛茛屬的植物，有毒。

▲澤漆
（→ p.31）

▲雄蛇莓（→ p.33）
有 5 片小葉。名字和蛇莓的成
員很接近，所以容易混淆。其
實它是委陵菜屬的成員。

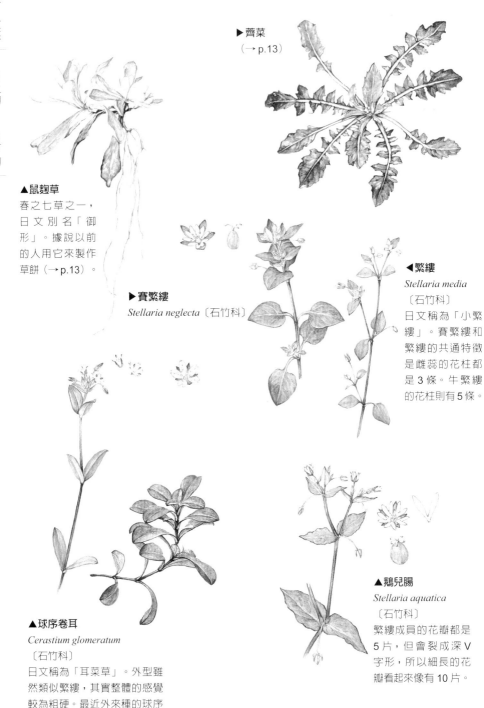

▶薺菜
（→ p.13）

▲鼠麴草
春之七草之一，
日文別名「御
形」。據說以前
的人用它來製作
草餅（→ p.13）。

▶賽繁縷
Stellaria neglecta〔石竹科〕

◀繁縷
Stellaria media
〔石竹科〕
日文稱為「小繁
縷」。賽繁縷和
繁縷的共通特徵
是雌蕊的花柱都
是 3 條。牛繁縷
的花柱則有 5 條。

▲鵝兒腸
Stellaria aquatica
〔石竹科〕
繁縷成員的花瓣都是
5 片，但會裂成深 V
字形，所以細長的花
瓣看起來像有 10 片。

▲球序卷耳
Cerastium glomeratum
〔石竹科〕
日文稱為「耳菜草」。外型雖
然類似繁縷，其實整體的感覺
較為粗硬。最近外來種的球序
卷耳比較多。

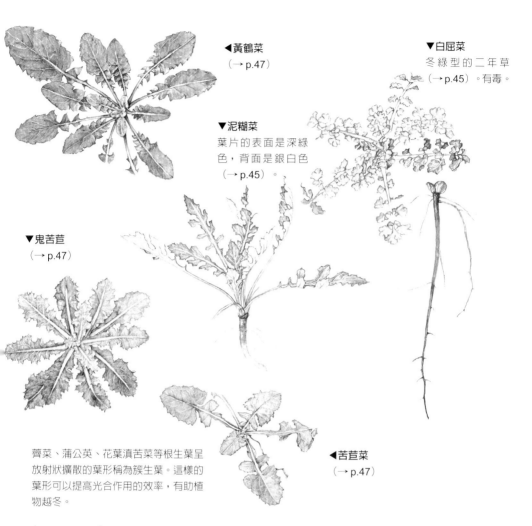

◀黃鶴菜
（→ p.47）

▼白屈菜
冬綠型的二年草
（→ p.45）。有毒。

▼泥糊菜
葉片的表面是深綠
色，背面是銀白色
（→ p.45）。

▼鬼苦苣
（→ p.47）

薺菜、蒲公英、花葉滇苦菜等根生葉呈
放射狀擴散的葉形稱為簇生葉。這樣的
葉形可以提高光合作用的效率，有助植
物越冬。

◀苦苣菜
（→ p.47）

春之七草

　　「水芹、薺菜、御形、繁縷、佛座、
蕪菁、蘿蔔」。

　　除了蕪菁和蘿蔔，其他都是生長
在水田或旱田的冬綠型雜草。「御形」
就是今日的鼠麴草（→ p.13），「佛座」
就是稻槎菜（→ p.28）。我還記得以
前每到農曆的正月初七，祖母就會邊
打著拍子邊唱「七草啊，趁唐土的鳥
還沒飛過來之前……」，還會煮七草
粥。

　　最近市面上都有出售已經包裝好
的七草組合。出於好奇，我買了一次
嘗鮮，結果應該說不出所料吧，裡面
放的果然不是現在很難找到的稻槎菜，
而是用彎曲碎米薺取而代之。不過，
我覺得這個替代品倒也不壞。毋寧說
彎曲碎米薺的嫩花序之類的替代品，
帶有一股十字科蔬菜特有的辛辣味，
吃起來更加美味。《枕草子》提到摘
嫩葉的篇章也有提到耳菜草。如果還
是堅持非現行的七種不用，就煮不成
七草粥了。

越冬③ 在向陽的土堤草叢等處

異於耕作地的穩定環境所孕育的，大多是多年生草木。

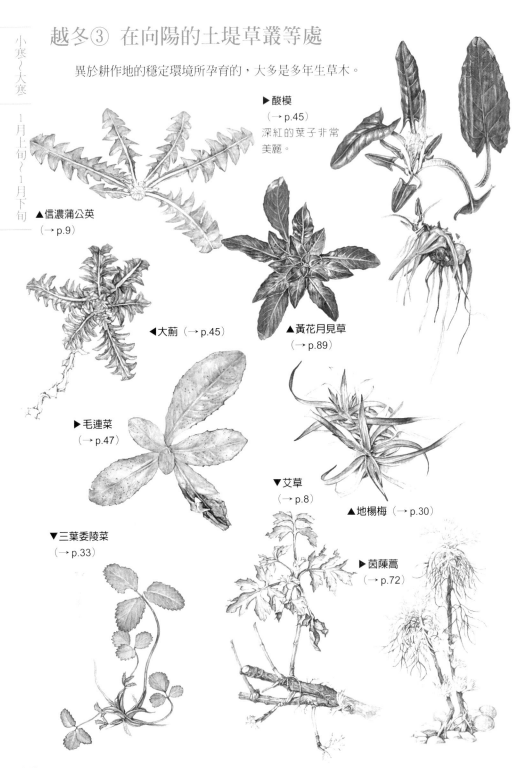

▶酸模
（→ p.45）
深紅的葉子非常
美麗。

▲信濃蒲公英
（→ p.9）

◀大薊 （→ p.45）

▲黃花月見草
（→ p.89）

▶毛連菜
（→ p.47）

▼艾草
（→ p.8）

▲地楊梅 （→ p.30）

▼三葉委陵菜
（→ p.33）

▶茵蔯蒿
（→ p.72）

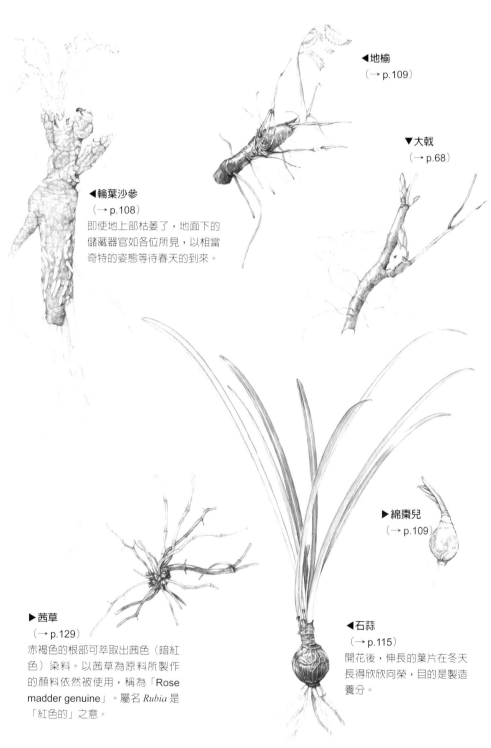

◀地榆
（→ p.109）

▼大戟
（→ p.68）

◀輪葉沙參
（→ p.108）
即使地上部枯萎了，地面下的
儲藏器官如各位所見，以相當
奇特的姿態等待春天的到來。

▶綿棗兒
（→ p.109）

▶茜草
（→ p.129）
赤褐色的根部可萃取出茜色（暗紅
色）染料。以茜草為原料所製作
的顏料依然被使用，稱為「Rose
madder genuine」。屬名 *Rubia* 是
「紅色的」之意。

◀石蒜
（→ p.115）
開花後，伸長的葉片在冬天
長得欣欣向榮，目的是製造
養分。

越冬④ 森林邊緣和地表的植物

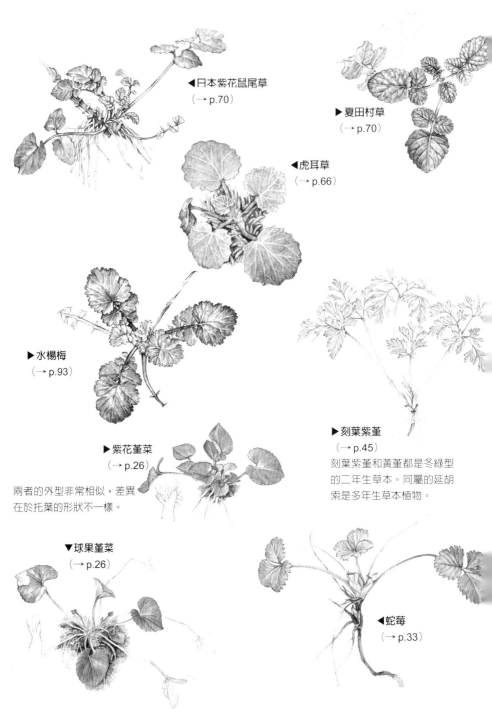

◀日本紫花鼠尾草
（→ p.70）

▶夏田村草
（→ p.70）

◀虎耳草
（→ p.66）

▶水楊梅
（→ p.93）

▶刻葉紫堇
（→ p.45）

刻葉紫堇和黃堇都是冬綠型
的二年生草本。同屬的延胡
索是多年生草本植物。

▶紫花堇菜
（→ p.26）

兩者的外型非常相似，差異
在於托葉的形狀不一樣。

▼球果堇菜
（→ p.26）

◀蛇莓
（→ p.33）

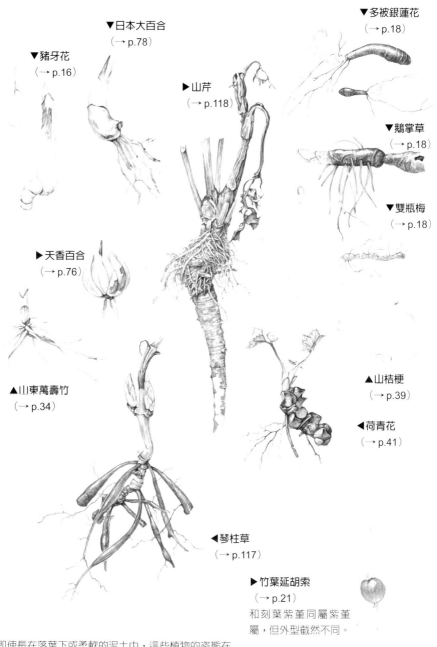

▼日本大百合
（→ p.78）

▼多被銀蓮花
（→ p.18）

▼豬牙花
（→ p.16）

▶山芹
（→ p.118）

▼鵝掌草
（→ p.18）

▼雙瓶梅
（→ p.18）

▶天香百合
（→ p.76）

▲山桔梗
（→ p.39）

▲山東萬壽竹
（→ p.34）

◀荷青花
（→ p.41）

◀琴柱草
（→ p.117）

▶竹葉延胡索
（→ p.21）
和刻葉紫堇同屬紫堇
屬，但外型截然不同。

　　即使長在落葉下或柔軟的泥土中，這些植物的姿態在
越冬期間會出現豐富變化。天香百合和日本大百合的儲
藏器官，變化成鱗片狀的葉子。琴柱草和夏田村草雖然
是同屬植物，但越冬時的姿態完全不同。多被銀蓮花和
鵝掌草屬於地下莖長在較淺處的種類，但也有像雙瓶梅
和菊咲一華這類地下莖潛入較深的種類。

這十年來，我雖然抱著盡可能多做點自然記錄的打算，但1月和2月的外出機會就是比較少，行事曆也常常留下空白。

不過，只要過了2月中旬，春天的腳步就一下子變近了。感受到盎然春意的日本山雀也在這個時候開始啾啾鳴叫。在不會凍結的池塘和沼澤度過冬天的群鴨，也開始準備回到原來的家。

請各位也帶著望眼鏡，出門賞鳥吧。前來越冬的花嘴鴨帶著從位於市中心池塘繁殖出來的小鴨散步景象，成為大家茶餘飯後的話題；不過，或許很多人還不知道，其實為了度過冬天，遠渡重洋來到日本的生物，種類多到不可勝數。各位住家附近的池塘，也可能有來自遠方的貴客，在此暫時棲身。

池畔的檀木其花序已經伸得老長，把黃色的花粉灑落一地。不久之後，金縷梅也會開出散發甜美氣息的花朵，柳樹的銀色花穗也即將閃閃發亮了吧。春神又再度降臨了。

オオバン
白冠雞

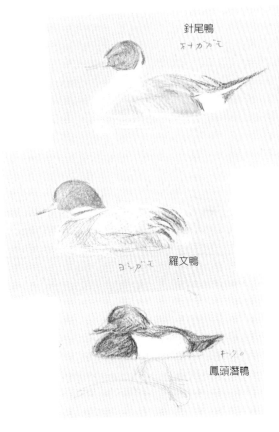

針尾鴨
オナガガモ

羅文鴨
ヨシガモ

鳳頭潛鴨
キンクロ

　在關東北部的池塘和沼澤最常見的首推綠頭鴨和花嘴鴨，其次是小水鴨和針尾鴨吧。針尾鴨對人的警戒心不強，甚至敢走到遊客的腳邊。

　羅文鴨的體型比針尾鴨小了一圈，雄鴨的頭部閃著綠色光芒，非常漂亮。體色黑白分明的鳳頭潛鴨後頭部，帶有細細的裝飾羽毛。

　全身漆黑，只有嘴巴和額頭是白色的白冠雞，是秧雞屬的成員，不是鴨類。看著牠脖子前後擺動的泳姿，實在覺得既有趣又討人喜愛。

臭菘▶

Symplocarpus renifolius
〔天南星科〕
日文稱為「坐禪草」。
源自花序的模樣看起來
像達摩正在坐禪的樣子。
這是 2 月上旬，我在栃
木縣北部橄木林地表素
描的臭菘。

觀察自然的樂趣

大自然透過四季的轉變，賦予了我們各種樂趣與喜悅。

被氤氳春霞籠罩的灌木林的樹冠、柔和的新綠、初夏的甜美花香，還有清脆悅耳的鳥叫聲，無不讓我們感覺心曠神怡，充滿活力。

自然以各種形式，包括以顏色、氣味、聲音，左右我們的情緒，讓人留意到季節的轉移。當我們投身其中，能夠感受到一股生物基於本能的快感。享受的樂趣依種類而異，不過，近距離接觸與遠觀所得到的樂趣完全不同。

到了刺五加和莢果蕨長出嫩芽的季節，想法實際的人首先想到的是「又有當季的美味可以大飽口福了」；如果看到成熟的上溝櫻和莢蒾果實，拿來釀成水果酒準沒錯。

叫得出名字會覺得更有趣

充分利用大自然資源，是我們與生俱來的智慧。例如食用「春天七草」的習慣，其實是爲了解決冬季青蔬不足的問題，改以可食用的多綠型野生植物的替代方案。

若要以野生植物入菜，首先必須掌握哪些種類可以食用，哪些種類有毒。當人產生探求的慾望，想要知道哪些植物具有藥效，可治療哪些疾病，表示已踏入研究植物的第一步了。

如果能夠分辨自己在散步、通勤、通學路上看到的花，到底是金錢薄荷、球果堇菜或刻葉紫堇；抑或分辨草叢裡的蟲鳴：剛才是黃臉油葫蘆，現在是凱納奧蟋……如果能夠「聽聲辨蟲」，一定能得到更多的樂趣。也就是藉由身邊隨處可見的生物，拉近人與世界的距離。不久之後，我相信各位一定能夠體會到什麼是眼前的世界，突然變得輪廓分明，立體呈現的感覺。

世界看起來也不一樣了

面對日常的自然風景，很多人都會習以爲常，以爲大自然永遠一成不變，因此視而不見。不過，只要你願意走近它，用心觀察，將會發現數量已大不如前的各種植物與昆蟲，仍展現出強韌的生命力。這時才赫然發現，原來我們所處的環境是如此珍貴。

我自己在宇都宮的某塊地，有片在6月看得到源氏螢的水田。雖然這片水田的土堤非常短，但一到春天，還是看得到老鴉瓣開花；到了梅雨季，居然可以看到好幾十株已經快要絕種的徐長卿。離這裡不遠的地方，每年差不多一到秋天，就會看到數量稀少的波琉璃紋花蜂現身，非常漂亮。能夠看到牠的出現，意味著這裡就是青條花蜂的築巢地點。因爲牠是波琉璃紋花蜂的寄生對象。青條花蜂的舌頭很長，常常造訪野鳳仙花，前來吸蜜。紫紅色的野鳳仙花的花距很長，花朵碩大，特別適合青條花蜂吸蜜。相對的，舌頭較短的蜜蜂和專門盜蜜的熊蜂，便無法幫助野鳳仙花授粉了。

野鳳仙花屬於溼地的花，大多生長在小河流旁。到了秋天，除了深山茜和焰紅蜻蜓，還有數量稀少的孔凱蜻蜓和赤蜻也會現身。若想一睹這些

昆蟲的廬山眞面目，一定得到現場實際調查才行。

| 全新發現的大寶庫 |

只要細心觀察，不時會有許多意想不到的「新發現」。例如在關東的平原的灌木林裡，到處看得到山楂葉楓。沒想到，直到有一次我想畫它的花，才發現它好像也是變性植物。還有另一個例子：在夏天進入尾聲，開於微暗樹林的九頭獅子草，如果不是爲了素描而分解它，我也不曾注意細長的筒狀部分，竟然扭轉了180度。直到現在，我還不曾看過有任何一本圖鑑提到它的花是扭轉的。

除了花，我對昆蟲也有新的發現。

黑尾大葉蟬是隨處可見的昆蟲。只要往院子裡的樹一找，通常會發現這種黃綠色的葉蟬。牠的翅膀前端是藍色的。換言之，其體色雖然是黃綠色，但翅膀並不是黃綠色。有一次我打算畫牠，把牠捉過來一看，這才發現牠的前翅居然是黃色！只是藍色的後翅疊在同色的身體上，最後看起來變成黃綠色。只因爲對牠的存在已習以爲常，所以從來沒想過要把牠捉來仔細一瞧，我實在是太漫不經心了。

大自然就像一座寶庫。一走進去就會發現自己原來進了迷宮，好像再也找不到出口。但我覺得找不到路出去，是一件非常幸福的事。原因很簡單，因爲走進自然，就等於人回到了故鄉。

養成記錄的習慣

養成把每天觀察到的事情記錄下來這習慣很重要。雖然印象深刻的事情即使過了很久也不會忘記，但明確的細節已不復記憶。養成記錄的習慣，可以確認自己學到的知識是否正確；就算看在別人眼中只是微不足道的小事，其實也可能是很珍貴的資訊。只要留下正確且具體的記錄，以後一定會明顯感受到記錄的有無竟然會產生如此決定性的差異。

寫日記很容易只有三分鐘熱度。不過，自然觀察的記錄，只需要記錄觀察到的具體事實，不必像寫文章一樣，需要講究文筆的好壞。

首先請準備一本專用的筆記本，放在伸手就拿得到的地方。我自己用的是 A5 大小的活頁筆記本。我覺得空白或 5mm 方眼格的最好用。我人在外面的時候，常常順手把資訊寫在素描簿上，所以都是等到回家以後，再重新整理於筆記本上。

必要的記錄內容包括時間（年月日）、地點（○○縣市○○鄉鎮、○○縣市○○河的土堤等）、天氣和氣溫（記錄冷或熱就夠了），還有具體的觀察內容。

例如「樹鶯啼叫」、「有兩隻綠繡眼停在山茶花上」、「寶蓋草開得正美」、「有一隻♀短足葉蜂停在海濱山黧豆」。只要以條列方式，把事實記錄下來就好了。這樣只需要 1～2 分鐘就記錄完畢了。

我自己的習慣是以天為單位，把一天的記錄寫在一頁的筆記本上。觀察記錄是給自己看的，就算有些雜亂也不必在意。如果把圖也畫上去就更有幫助了。不趕時間的話，也可以把內容寫得詳細一點。

1　顯微鏡（伸縮式）
2　顯微鏡（配有台座）
3　培養皿
4　鑷子組
5　美工刀
6　各種文具用品
7　尺
8　縮放製圖尺
9　素描簿
10　活頁筆記本

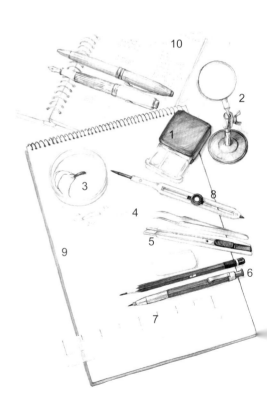

整理記錄

如果從春天一開始就勤於記錄，經過3月、4月、5月的累積，筆記本一定寫滿了花和昆蟲的名稱。這種「爆量」的記錄方式到了夏天是否會趨於平穩，端看觀察者的行動變化（說白一點，就是取決於會不會因為天氣太熱而少出門），不過，另一個原因是有許多花都是從夏天一路開到秋天，花期相對較長。到了冬天再來翻閱前半年的記錄，對於明年的觀察計畫一定能派上用場。大家可以選出有興趣的花，依照季節和地點，試著排出一份行程表。

這樣持續兩三年，自然對每個地區有基本概念，包括原本的常態模樣、隨著季節交替的變化。如果能夠以這些資訊為基礎，制定私房的花曆和散步地圖，我想一定非常有趣。不知各位的意下如何？

照片與素描

一台性能佳又不占空間的數位相機，是不可或缺的記錄工具。原因之一是可以為會動的昆蟲留下動態的記錄。不過動畫的記錄異於透過人腦的思考、認知與判斷，所以我發現如果之後想要從照片獲得需要的資訊，難度很高。

因此，不論人在室內還是室外，透過自己的腦部進行觀察，同時將觀察到的事物素描下來，是一件非常重要的作業。

看東西時並不是單用眼睛。眼睛是接收視覺情報的器官，但如何判斷接收到的資訊是腦的工作。這就是為什麼需要把它再度視覺化＝畫下來。說得直接一點，素描的功能就是針對自己畫的對象進行思考。

●顯微鏡是必備品

價格和性能的落差很大，建議最好實際到店面挑選。倍率5～10倍的最實用。左頁的四角形顯微鏡（1）是兩片伸縮式，材質為塑膠。一片的2/3是3倍，1/3是4.5倍的鏡頭。兩片重疊在一起就成了6倍和9倍。德國製。

配有台座的顯微鏡（2）是志賀昆蟲普及社的產品。鏡架可自由調整，邊觀察放在桌上的小東西邊素描時很方便。倍率是5倍。兩種的價格都是落在日幣2000～2500圓。

縮放製圖尺（8）可用來放大和縮小正確的尺寸。雖然方便，但是價格昂貴，不一定要購買。

素描的樂趣

| 放在顯微鏡下邊看邊畫 |

出於科學目的的素描，不能單憑印象下筆。如果要畫植物，除了要帶著植物學的專業眼光，也必須提醒自己是為了傳達正確的知識而畫。

當然，以肉眼進行觀察和臨摹都有其限度，所以必須判斷達到何種程度時應該妥協。一般而言，可當作物種鑑定（調查並確認該植物的名稱）依據的特徵，我會參考圖鑑的記述等資料仔細描繪。如果有必要，也可利用小鑷子將植物的各部位一一拆解下來，透過顯微鏡放大後再畫。

試著以堇菜和豆科植物的花、樹莓、野薔薇、紫萼耬斗菜、紫斑風鈴草、魚腥草、半夏、鴨跖草為對象，或者把茜草、蘘荷等日常隨處可見的花朵和果實拿過來，對著實物臨摹，我相信各位一定會感到訝異，原來大自然有這麼有趣、如此美麗的生命。

首先，請拋開如果被別人看到會不好意思的想法，多畫讓自己習慣吧。

| 別忘了記錄描繪的地點 |

另外也別忘了在畫好的素描上寫下描繪的日期和造訪地點（採集地點）。留下日期的記錄，一來可以當作明年再次造訪的參考，而且即使是同一種植物，若產地不同，形態上的特徵也常常會出現差異。

如有必要，我會替畫好的素描著

色。色鉛筆的優點是便於攜帶，我本身也經常在出門寫生時使用，不過它不適合用來描繪精密的細節。

再加上它無法混色使用，至少要準備 30～40 個顏色。雖然也有水溶性的色鉛筆，但與其如此，我覺得乾脆選擇透明水彩，使用的彈性更大。請各位先了解各種作畫工具的特性，再選擇自己偏好的種類。

| 挑戰戶外寫生 |

鉛筆是我們身邊最熟悉，使用上也最習慣的筆記用具，以作畫的材料而言，它可說具備變化萬千的魅力。尤其是速寫時，更能發揮強大的威力。

和室內穩定的環境不同，在戶外寫生時，勢必會面臨各種障礙與不便。下筆對象的體型雖小，構造卻很複雜。有風吹過來時，草莖會不斷搖晃，葉子也會被吹得翻面。晴天時，陽光過

陰影和輪廓的線條以鉛筆的疏密濃淡表現；光靠筆觸的強弱，就能表現出立體感。如果畫的是彩色畫，這點會成為重要關鍵，千萬不可畫得馬虎。如果好好完成這一步，等於是大功告成了。

於刺眼；雨天的話，根本連畫都別想畫，只能打道回府。除了汗流浹背，各種蚊蟲也會現身。更別忘了還必須長時間保持不自然的姿勢。為了掌握植物實際在大自然中生長的模樣，戶外寫生是不可缺少的磨練；如果要描繪生態，也必須實際到戶外作畫才行。

鉛筆的魅力在於其優秀的適應力。請各位在素描時，能夠充分運用這一點，畫出抑揚頓挫的線條。注意不可從頭到尾保持同樣的力道，以免畫出來的線條呆板，缺乏生氣。畢竟我們畫的又不是道路地圖。

日本雙蝴蝶的素描。可以只用鉛筆畫就好，請各位讓自己習慣把實際看到的植物用畫筆記錄下來吧。

攜回野生植物時的注意事項

看到漂亮的野花，可能會忍不住心動，想把它帶回去。首先要提醒各位一點，絕對不可擅自採集數量稀少的植物！非保育類的植物，只要謹守適可而止的原則，應該是可以被允許的。

不過，特地採下來要帶回去的植物，如果半途中就枯萎，未免太過可惜。為了預防這種情況發生，建議各位可採取下列方法。

將植物剪下來之後，下一步就是立刻用沾了切花保鮮劑的紙巾把植物包起來，再放入塑膠袋帶著走。

生長期的植物，變化非常劇烈。如果帶回去沒辦法立刻作畫，必須連同袋子放入冰箱保存。已經轉紅的葉子，如果直接放入冰箱，過不了多久就會乾燥變色；為了延長保存期限，正確作法是找一個密封容器，在底部鋪上用水淋溼再充分擰乾的紙巾，最後鋪上葉子，放進冰箱保存。這麼做就可以延長保存時間。

如果要把蕈菇類帶回去慢慢畫，必須用廚房紙巾，將每一朵蕈菇單獨包在一張紙巾裡，放進塑膠袋再冷藏保存。延長蕈菇類保鮮時間的重點是，絕對不能讓它沾到水。

植物畫入門

養成素描的習慣後，接下來自然會想正式畫點什麼。以下針對作畫時所需要的畫材、鉛筆描繪、色彩的運用等，向各位提出一些最基本的建議。

有關畫材

描繪植物畫雖然不需要對畫材特別講究，不過，一般而言，為了兼具容易上手又適用精密描繪的需求，很多人都會選擇透明水彩。請以精美描繪和容易使用為標準，準備紙、鉛筆、顏料和水彩筆。

紙

如果以透明水彩描繪，紙的選擇會變得很重要。每個人各有自己的喜好，很難說哪一種最好；總之，如果要符合堅固耐用，發色度又好的條件，相信選來選去就是固定幾個品牌。

水彩用紙依照表面質地（texture）分為粗、中、細、極細等。但是每間紙廠都有自己的規格，並沒有明確的統一基準。以精密描繪而言，最好選擇極細（Hot pressed）和細，或者中等（Cold pressed）。紙張的角落都會以水印標示商標和紙的名稱。字看起來沒有左右顛倒的那一面是正面。

以日本國內而言，條件符合描繪

植物畫的紙張如下表所示。

1　BB 肯特紙

象牙白的紙質稍薄，發色度佳，我從以前一直用到現在。我比較常用細紙，但粗的也不差。如果要用鉛筆素描，適合用細的。

2　Arche

分為厚（300g／㎡）和薄（185g／㎡）兩種。前者除了單張販售，也有各種尺寸的大包裝。象牙白的發色度佳，紙質強韌，只是價格昂貴。

3　法布里亞諾（Fabriano）"Artistico" extra white

發色度極佳的近乎純白紙張，但價格昂貴。已經停產的「classic5」是極細紙，現由日本廠商接手生產。後者適合鉛筆素描。

4　文房堂 Mobook（日本）

以和紙技法為基礎的日本水彩紙。有 F4 和 F6 兩種尺寸。MO 紙的名稱源自設計者沖茂八先生。特徵是紙質雖然有點沉，但發色度佳，吸水性強，讓畫出來的作品顯得更加柔和。不是適合鉛筆的畫紙。

鉛筆和橡皮擦

鉛筆的硬度以 B 和 H 編碼。兩者分別是 Black 和 Hard 開頭的字母，B 的數值愈大，表示筆芯愈軟，顏色也愈黑。H 數值愈大的表示筆芯愈硬。不過每間廠商都有自己的標準，並沒有統一的明確規範，所以一開始最好先選定一個品牌，一直使用同等級的筆。

太軟的筆不適合精密描繪。一開始只要備齊硬度介於 B ～ 2H 中等硬度的鉛筆就夠了。接下來再依照與紙張的契合度、目的和當時的溼度條件等區分使用。

至於橡皮擦的部分，除了含有塑膠成分的橡皮擦，另外準備素描軟橡皮擦會更方便。

透明水彩的顏料

國內外有好幾間水彩顏料廠商，型錄上的顏色種類都高達 80 ～ 90 種。如果一次只買幾個顏色，不妨參考下列的建議，可以節省不必要的花費。

首先從基本的 6 個顏色族群（帶綠的黃、帶橘的黃、帶橘的紅、帶紫的紅、帶紫的藍、帶綠的藍），各挑選出 1 個或 2 個顏色。再從橘色、紫色、綠色這 3 個色系，各挑出 1 ～ 2 個純度高的色彩，最後再加上 3 ～ 4 個大地色系（茶色系），就差不多夠用了。原則上，白色不當作調色之用，如果有必要，就用中國白（China White）。描繪白毛和強光部分時，宜使用覆蓋力更強的鈦白（不透明的白）。如果想要黑色，與其選擇象牙黑，使用中性灰（Neutral Tint）的效果更好。

另外一項重點是購買顏料時，即使是同樣的色系，記得挑選耐光性強的單一顏料。顏料的貼標會註明 PR122、PB28 等編碼。用於顏料的編碼是全世界統一，若想判斷顏料的色調、物理及化學方面的穩定性和品質好壞，顏料色號是唯一的線索。記號寫得愈長的顏料，即使外表看起來漂亮，但是大多自己在調色盤上就調得出來，不太有下手的價值（也有幾個例外）。

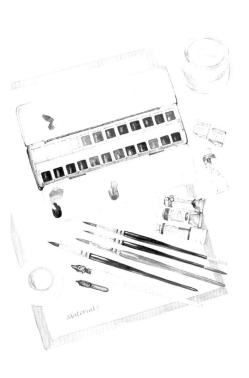

至於耐光性強弱，每間廠商的編碼都不一樣，所以只能提醒大家一點，含有螢光的鮮豔粉紅色顏料，耐光性表現較不理想，使用上要特別謹慎。

日本國產的顏料都是管狀，但歐美進口的產品大多是裝入小盒子裡的塊狀水彩，稱為 Pan。市面也有推出兼具調色盤功能的塊狀水彩收納盒，適合外出寫生使用。選擇 24 色的組合，顏色就很夠用，非常方便。如果想要的顏色不在組合之內，另外單買就好了。

畫筆

雖然俗話說「弘法不挑筆（意思是不必在乎工具好壞）」，但如果運氣不好，挑到一支品質不好的筆，的確會大大影響作畫的興致。尤其是描繪細部時，畫筆的好壞更是重要，不得不慎選。

一支合格的畫筆，必須符合以下的條件。首先彈性要好，顏料攜帶力要強，筆尖整齊尖銳。

屬於貂科之一的柯林斯基紅貂的毛，被視為最高等級的畫筆材質。話說回來，產品的好壞，除了材質本身，還取決於其他條件。而且紅貂毛的畫筆極為昂貴，建議一開始選擇便宜的合成纖維就行了。以日本廠牌而言，也有使用貓毛製作的產品，品質也相當不錯。以下幾款是我向各位推薦的畫筆。

Lemon Yellow	PY 53
Winsor Lemon	PY 175
Winsor Yellow	PY 154
New Gamboge	PY 153
Winsor Orange	PO 62
Scarlet Lake	PR 188
Permanent Carmine	—
Permanent Rose	PV 19
Quinacridone Magenta	PR 122
Permanent Magenta	PV 19
Cobalt Violet	PV 14
Winsor Violet	PV 23
French Ultramarine	PB 29
Cobalt Blue	PB 28
Cerulean Blue - red shade	PB 35
Winsor Blue - green shade	PB 15
Winsor Green - blue shade	PG 7
Permanent Sap Green	PG 36 PY 110
Raw Sienna	PY 42 PR 101
Raw Umber	PBr 7
Burnt Sienna	PR 101
Indian Red	PR 101
Burnt Umber	PBr 7 PR 101 PY 42
Titanium White	PW 6
Chinese White	PW 4
Neutral Tint	PB 15 PBk 6 PV 19

○拉斐爾（Raphael）公司（法國）系列 8404 或 8402
依照用途選擇 No.0 ～ No.4 粗細的畫筆。
○溫莎 & 紐頓公司（Windsor&Newton）（英國）系列 7
依照用途選擇 No.0 ～ No.4 粗細的畫筆。

洗筆筒和紙巾

洗筆筒除了用來稀釋原料，也是用來清洗畫筆的容器。從市面上可以找到許多瓷製的分隔式洗筆筒，不過我覺得也可以改用穩定性佳的玻璃製品。用來稀釋顏料的水，記得要和洗筆的水區隔開來，不可混用。

筆筒

放置畫筆時，記得一定要使筆尖朝上。筆尖一旦分叉或彎曲就不好用了。

素描簿

不論作練習之用或到戶外寫生之用，使用一般畫紙的素描簿就可以了。Maruman 出品的 ARTIST DRAWING、Holbien 所出品的 MULTI-DRAIWING BOOK 應該都是不錯的選擇。建議選 F4 ～ F6 大小，使用上較順手。

勾線筆

目的是用於書寫學名，和繪畫本身沒有關係，所以不用也沒關係。如果要用，嚴禁使用水溶性的彩色墨水。因為即使只有一點點水分暈開，就會弄髒畫面，影響作品的美觀。建議使用耐水性的墨水或不透明水彩。

有關如何防止畫紙起皺（Stretching Paper）

畫紙被水沾溼後會彎曲或出現皺褶，變得不易作畫。為了避免這種情形發生，必須事先做好防皺措施。

需要準備的道具包括從大賣場等地方購買厚度4 ～ 5mm的椴木合板（尺寸要比使用的紙張大一些），和防皺用的裱紙膠帶（在畫材行買得到）。

首先，依照畫紙四邊的長度，剪下 4 條膠帶備用。接著用刷子或海綿沾水，均勻地塗抹在畫紙背面，再將正面朝上，牢牢地貼在合板上。膠帶的背面同樣沾水濡溼，再以俐落的手法貼在畫紙四個邊固定。平放，待紙張完全乾燥。如果放置在乾燥的房間，應該晾幾個小時就乾了。等到作品完成，再將畫紙從合板拆下來。

如果覺得進行防皺措施很麻煩，也可以直接把畫紙用透明膠帶固定在厚一點的板子上，一樣具有防皺效果。

用鉛筆描繪

首先準備鉛筆和紙，試著正確描繪出植物的形狀。

使用前頁介紹的素描簿之外，改用 BB 肯特紙等單張紙也可以。如果用單張紙，最好先用迴紋針將紙夾在厚一點的板子上，比較容易畫。鉛筆用 F 的就差不多了。

A 選擇描繪的主題

主題可以任選，但不論選擇為何，都必須事先觀察打算要畫的植物，掌握它的特徵。說是為了這個目的而描繪植物也不為過。為了達到這點，下筆之前至少要稍微做點功課，知道自己要畫的是什麼種類。

有了這個認知後，再依照喜好，選擇特徵明顯的植物當作主題。

B 畫畫的姿勢

慣用右手的人從越過左肩的角度開始下筆，左撇子的人剛好相反。因為讓光源進來，就不會有手的影子干擾，比較容易作畫。

另外，脖子要盡量保持不動，只要視線移動就好。沒有拿著鉛筆的那一隻手要按住素描簿，稍微擺斜一點比較好畫。

C 描繪的步驟

1 決定構圖

設定好畫面上的空間配置，再決定要把特徵最明顯的部分畫在哪裡。如果把枝條畫成一直線，或者選擇花卉或葉片的正面來作畫，很難呈現出立體感，不容易一目了然。畫出來的樣子不一定要百分之百忠實呈現才行。

如果畫的是一片葉子，建議先設定好整體與觀察者之間的等距離，比較容易捕捉到正確的形狀。

如果作畫對象是水果，與其直接放在桌上，不如放在架子上，稍微拉高一點高度比較容易畫。

2 決定好大致的位置

淺淺畫出花和葉的大小和位置、莖葉的動態等整體的架構。

一般而言，植物畫都是一比一臨摹，但是植物的形狀時時刻刻都在變化，只要視線稍微偏了一點，眼前所見就會不同，所以用尺丈量，力求做到誤差以毫米為單位的「正確數值」，並沒有什麼意義。以目視一鼓作氣捕捉自然的形狀才更為重要。

如果要測量大小，請保持視線不動，想像臨摹對象的前面有個透明玻璃板之類的板子，想像自己在板子上描繪形狀。莖和葉子的傾斜角度等，若能在腦中換算成直角座標，相信會比較容易下筆。

3 描繪個別構造

決定好整體的輪廓後，下一步就是分別盡可能正確描繪出花朵和葉子的形狀。從哪裡下筆都可以，但考慮到花朵的變化最劇烈，最好先畫花。

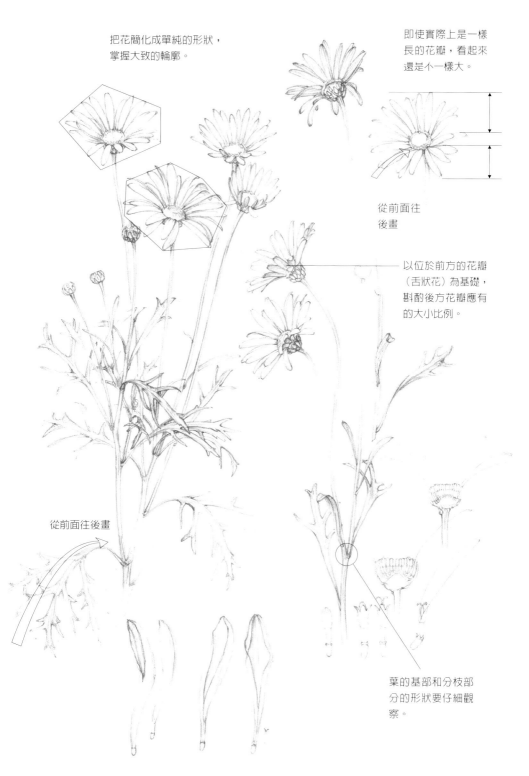

把花簡化成單純的形狀，
掌握大致的輪廓。

即使實際上是一樣
長的花瓣，看起來
還是不一樣大。

從前面往
後畫

以位於前方的花瓣
（舌狀花）為基礎，
斟酌後方花瓣應有
的大小比例。

從前面往後畫

葉的基部和分枝部
分的形狀要仔細觀
察。

這時，先將整體簡化成一個單純的形狀，接著分段完成，比較不容易走樣。描繪鬱金香和玫瑰之類的花時，觀察者要以距離自己最近的花瓣為基準，決定與遠處的相對位置。菊花之類的花，最好把最顯眼的部分當作多角形的頂點，決定其位置和大小。接著只要填補空間即可，數量也較好控制。

面朝自己的葉子，也是不容易掌握的難關之一。訣竅是先正確掌握葉子的頂點和基部的位置關係，把主脈的動向朝葉子的頂點往基部畫；左右兩邊的葉緣也比照處理，從近處往基部一路畫下去就行了。切記千萬不可從遠處畫到近處。

另外，被東西的陰影擋住而看不清楚的部分，記得用「畫得看不見」的方式處理，而不是「直接不畫」。

4　畫出起承轉合，仔細描繪細節部分

記得不可用同樣的力道描繪所有的輪廓。以鉅細靡遺的手法描繪不是壞事，但如果過於拘泥這一點，畫出來的線條反而會失去生氣，無法強調出生物的活力。

如果之後打算上色，這道步驟就可以省略了。因為用鉛筆畫得太過仔細，會影響上色的成果。

相反的，如果沒時間一鼓作氣完成作品，就可以用鉛筆仔細畫下細部的結構和明暗，當作下一次作畫的提醒與底稿。

這時候，記住不要按照順序作畫，堅持畫完一樣再畫下一樣。因為作畫講究的不是每一個部分看起來整齊劃一，而是要保持每一個部分和整體保持協調的相對關係。

上色

使用透明水彩上色，會透顯出下層原本的顏色，使畫面具有透明感。所以一開始不要把顏料塗得太厚。

各位可以試著在調色盤上，調出花和葉的基本色。色彩的濃淡會依照稀釋的水量改變，一開始最好先做個顏色樣本。

| A 整體先用調得很淺的顏色上一次色 |

葉和莖的綠色，處理起來非常棘手。建議一開始先調中間色系，而不是太鮮活明亮的色彩。葉脈通常是色彩最明亮的部分，建議先以與其搭配的色彩，在整片葉子淺淺上一次色。莖和枝椏也要。

如果太過仰賴現有的綠色顏料，畫出來的效果未免有些無趣。

想要柔和明亮的綠色時，不妨在溫莎檸檬黃裡加點鈷藍色或蔚藍，看看能不能調出理想中的綠色。混入一

溫莎綠

以溫莎綠為基底，調配出混合了各種黃色、紅色、茶色而成的綠色。

畫白花要在陰影的顏色下工夫。用藍色和
紅色（或者是紫色）調出藍紫色，再混入
少量明亮的黃色，就是中性的灰色了。

點點中間色系也不錯。花朵也一樣，
首先用主題色替整朵花先上一次色。

B 疊色

決定要留下哪些明亮的部分，同
時用更濃的顏色再上一次色。以土脈
和側脈為分界線時，色彩和亮度不連
貫的地方很多，所以要用筆尖沿著這
些地方，製造一個平坦的面。

即使是同一片葉子，如果受光的
角度不同，色調也會出現差異。需要
暗色的時候，作法不是增加同一個顏
色的濃度，而是加入藍色或紫色。如
果要提高色彩的亮度，可以加點黃色
試試看。需要鮮豔的綠色時，可以用
溫莎綠和溫莎藍為底色，加入各種黃
色、茶色試看看。呈現出異於下層顏
色的疊色效果，也是透明水彩的特徵。

C 調整暗部

據說在人的眼中，與色彩和亮度
鄰接的部分看起來剛好成對比。打算

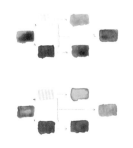

在溫莎綠和溫莎藍裡混入溫莎黃和赭褐色，
調出想要的綠色。

以暗色系表現陰影部分時，如果重複
用同一個顏色再上一次色，感覺會變
得混濁沉重。仔細比對與整體的平衡，
抱著從下往上抬的感覺作業，呈現出
來的感覺應該更為輕盈。我常常被人
問到作品要上色幾次才算完工？其實，
每個部分需要上色的次數不同，而且
也取決於顏料的濃度、作畫者的喜好。
所以我都會這麼回答：「只要有必要
就繼續上色。」

D 質感的營造也很重要

即使同樣是綠葉，色彩依照植物
的種類也會出現極大的落差。

以稀釋顏料的水分多寡、筆觸和
顏色的選擇方式等，區分出質感的差
異，更能表現出該種植物的特色。

即使畫的是同一種植物，每個人
畫出來的感覺都不一樣。絕對不可能
畫得一模一樣。因為每個人對事物的
看法和見解都不盡相同。想要增進自
己的功力需要時間累積。只要持之以
恆，一定會感受到今非昔比、不可同
日而語的進步。唯一的訣竅別無他法，
就是多接觸野外的花，多看多畫。

植物名索引

昆蟲名索引

國家圖書館出版品預行編目 (CIP) 資料

野花散步圖鑑 / 長谷川哲雄著；藍嘉楹譯.
一初版. 一台中市 ： 晨星，2018.07 面
； 公分. 一（台灣自然圖鑑 ； 40）
譯自 ： 野の花さんぽ図鑑
ISBN 978-986-443-440-4(平裝)
1. 植物圖鑑 2. 日本

375.231 107005114

台灣自然圖鑑 040

野花散步圖鑑
野の花さんぽ図鑑

作者	長谷川哲雄
審定	古訓銘
翻譯	藍嘉楹
主編	徐惠雅
執行主編	許裕苗
版面編排	許裕偉

創辦人	陳銘民
發行所	晨星出版有限公司
	台中市 407 工業區三十路 1 號
	TEL：04-23595820　FAX：04-23550581
	E-mail：service@morningstar.com.tw
	http：//www.morningstar.com.tw
	行政院新聞局局版台業字第 2500 號
法律顧問	陳思成律師
初版	西元 2018 年 7 月 6 日

總經銷	知己圖書股份有限公司
	106 台北市大安區辛亥路一段 30 號 9 樓
	TEL：02-23672044 / 23672047　FAX：02-23635741
	407 台中市西屯區工業 30 路 1 號 1 樓
	TEL：04-23595819　FAX：04-23595493
	E-mail：service@morningstar.com.tw
	網路書店 http://www.morningstar.com.tw
讀者服務專線	04-23595819#230
郵政劃撥	15060393（知己圖書股份有限公司）
印刷	上好印刷股份有限公司

定價 480 元
ISBN 978-986-443-440-4

以下資料或許太過繁瑣，但卻是我們了解您的唯一途徑，
誠摯期待能與您在下一本書中相逢，讓我們一起從閱讀中尋找樂趣吧！

姓名：_____　性別：□ 男　□ 女　生日：　　／　　　／

教育程度：_____

職業：□ 學生　　　□ 教師　　　□ 內勤職員　　□ 家庭主婦
　　　□ 企業主管　□ 服務業　　□ 製造業　　　□ 醫藥護理
　　　□ 軍警　　　□ 資訊業　　□ 銷售業務　　□ 其他_____

E-mail：（必填）_____　聯絡電話：（必填）_____

聯絡地址：（必填）□□□

購買書名：野花散步圖鑑_____

· 誘使您購買此書的原因？

□ 於 _____ 書店尋找新知時　□ 看 _____ 報時瞄到　□ 受海報或文案吸引
□ 翻閱 _____ 雜誌時　□ 親朋好友拍胸脯保證　□ _____ 電台 DJ 熱情推薦
□ 電子報的新書資訊看起來很有趣　□ 對晨星自然 FB 的分享有興趣　□ 瀏覽晨星網站時看到的
□ 其他編輯萬萬想不到的過程：_____

· 本書中最吸引您的是哪一篇文章或哪一段話呢？_____

· 您覺得本書在哪些規劃上需要再加強或是改進呢？

□ 封面設計_____　□ 尺寸規格_____　□ 版面編排_____
□ 字體大小_____　□ 內容_____　□ 文／譯筆_____　□ 其他_____

· 下列出版品中，哪個題材最能引起您的興趣呢？

台灣自然圖鑑：□植物 □哺乳類 □魚類 □鳥類 □蝴蝶 □昆蟲 □爬蟲類 □其他_____
飼養＆觀察：□植物 □哺乳類 □魚類 □鳥類 □蝴蝶 □昆蟲 □爬蟲類 □其他_____
台灣地圖：□自然 □昆蟲 □兩棲動物 □地形 □人文 □其他_____
自然公園：□自然文學 □環境關懷 □環境議題 □自然觀點 □人物傳記 □其他_____
生態館：□植物生態 □動物生態 □生態攝影 □地形景觀 □其他_____
台灣原住民文學：□史地 □傳記 □宗教祭典 □文化 □傳說 □音樂 □其他_____
自然生活家：□自然風 DIY 手作 □登山 □園藝 □農業 □自然觀察 □其他_____

· 除上述系列外，您還希望編輯們規畫哪些和自然人文題材有關的書籍呢？_____

· 您最常到哪個通路購買書籍呢？ □博客來 □誠品書店 □金石堂 □其他_____

很高興您選擇了晨星出版社，陪伴您一同享受閱讀及學習的樂趣。只要您將此回函郵寄回本社，
我們將不定期提供最新的出版及優惠訊息給您，謝謝！

若行有餘力，也請不吝賜教，好讓我們可以出版更多更好的書！

· 其他意見：_____